Peter Fischer
Manfred Koch

Erdkunde

POCKET TEACHER ABI

Cornelsen
SCRIPTOR

Die Autoren
Peter Fischer weist langjährige Oberstufen- und Abiturerfahrung auf. Außerdem war er lange Studienleiter für Erdkunde. Er arbeitet auch als Schulbuchautor und Autor von Unterrichtsfilmen einschließlich DVD-Materialien.
Dr. Manfred Koch (†) hatte langjährige Oberstufen- und Abiturerfahrung und war Studienleiter am Landesinstitut für Qualitätsentwicklung an Schulen (IQSH) Schleswig-Holstein.

Bibliografische Information der Deutschen Nationalbibliothek
Die Deutsche Nationalbibliothek verzeichnet diese Publikation in der Deutschen Nationalbibliografie; detaillierte bibliografische Daten sind im Internet über http://dnb.d-nb.de abrufbar.

4. Auflage

D C B A
Bibliographisches Institut GmbH
Dudenstraße 6, 68167 Mannheim

Projektleitung Heike Krüger-Beer, Anja Sokoll
Redaktion: Volkhard Binder, Matthias Franzke
Reihengestaltung: Magdalene Krumbeck, Wuppertal
Satz und Layout: Uta Eickworth, Berlin, Torsten Lemme, Berlin
Sachzeichnungen: Volkhard Binder, Berlin, Uta Eickworth, Berlin
Umschlaggestaltung: glas AG, Seeheim-Jugenheim
Druck und Bindung: CPI books GmbH, Leck
Printed in Germany

ISBN 978-3-411-86295-5

Inhalt

Vorwort

Liebe Leserin, lieber Leser!

Was ist das für eine Zeit: Tests, Klausuren, Vorzensuren, Zentralabitur, schriftliche Prüfung, mündliche Prüfung, neue Lehrinhalte, Leistungskurs, Grundkurs, Profiloberstufe, Kompetenzen auf allen Ebenen, Abiturnote.
Aber bitte jetzt keinen Stress aufkommen lassen! Wer sich selber einigermaßen organisiert hat, wird alle (vermeintlichen) Probleme schnell lösen. Natürlich kann man sich nicht den gesamten Oberstufenstoff merken und ihn auf Kommando wie von der Festplatte herunterladen. Man muss nur wissen, wo was steht.
Und hierfür ist der Pocket Teacher Abi Erdkunde wirklich hervorragend geeignet. Er enthält praktisch alle Themen in komprimierter, aber verständlicher Darstellung. Wichtig ist nämlich, dass Sie den Überblick behalten und sich nicht in irgendwelchen Einzelheiten verlieren. Zusammenhänge erkennen heißt die Zauberformel, Bezüge herstellen und geographische Sachverhalte richtig einordnen.
Was sich gut bewährt hat: Zu einem Kapitel im Pocket Teacher jeweils ein bis zwei Abschnitte durchlesen und die Inhalte memorieren, anschließend das ganze Kapitel mit eigenen Worten wiedergeben. Das schärft auch die rhetorischen Fähigkeiten für Referate oder die mündliche Prüfung.
Übrigens kann es nur von Vorteil sein, beim Durcharbeiten einzelner Themen zusätzlich auch den Atlas heranzuziehen. Denn schließlich sind Karten in Klausuren häufig Grundlage für weiterführende Erörterungen.
Wenn Sie sich so fit gemacht haben und über das geballte geographische Wissen aus dem Pocket Teacher verfügen, steht einer guten Note nichts mehr im Wege.

1 Geoökosysteme der Erde

1.1 Geomorphologische Grundlagen

Aufbau des Erdkörpers

Die dünne **Erdkruste** bildet die äußere Schale. Die kontinentale Kruste setzt sich aus der Oberkruste mit einer Silicium-Aluminium-(Sial-)Schicht und einer im Wesentlichen aus Silicium und Magnesium (Sima) bestehenden Unterkruste zusammen. Die ozeanische Kruste besteht hauptsächlich aus Basalt.

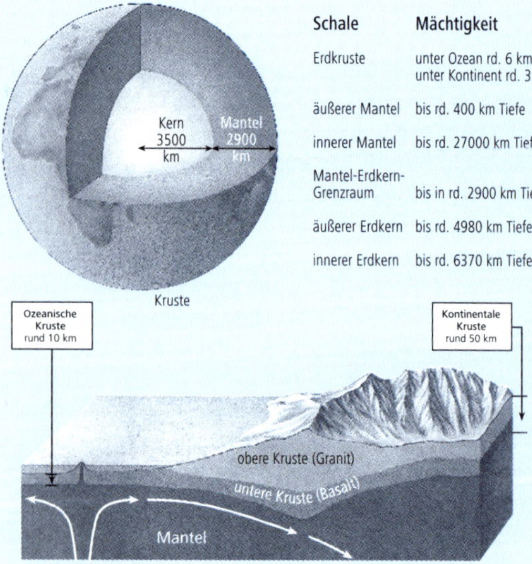

Schale	Mächtigkeit
Erdkruste	unter Ozean rd. 6 km, unter Kontinent rd. 33 km
äußerer Mantel	bis rd. 400 km Tiefe
innerer Mantel	bis rd. 27000 km Tiefe
Mantel-Erdkern-Grenzraum	bis in rd. 2900 km Tiefe
äußerer Erdkern	bis rd. 4980 km Tiefe
innerer Erdkern	bis rd. 6370 km Tiefe

Schalenaufbau der Erde

Kontinent- und Ozeanverteilung der Erde

Gesamtoberfläche	Festland	Meere	Nordhalbkugel	Südhalbkugel
510 Mio. km²	150 Mio. km²	360 Mio. km²	Festland 39 % Meer 61 %	Festland 19 % Meer 81 %

Der **Erdmantel** ist ebenfalls zweigeteilt. Der obere Mantel ist aus festen Gesteinen aufgebaut, der untere, flüssige Mantel aus Schwermetallsulfiden und -oxiden.
Der äußere und bis zu 4000 °C heiße **Erdkern** ist flüssig, während der innere Erdkern sich in festem Zustand befindet.
An der geologischen Zeituhr lässt sich ablesen, dass die Erde vor rd. 5 Milliarden Jahren noch ein flüssiger Glutball war. 500 Millionen Jahre später führte die Abkühlung zur ersten Krustenbildung. Vor rd. 4 Milliarden Jahren bildete sich bereits eine feste Kruste, die aber noch sehr dünn war und von Vulkanen durchbrochen wurde. Nach einer weiteren Abkühlung der Erdkruste entstanden als Folge der enormen Niederschläge die Urozeane.

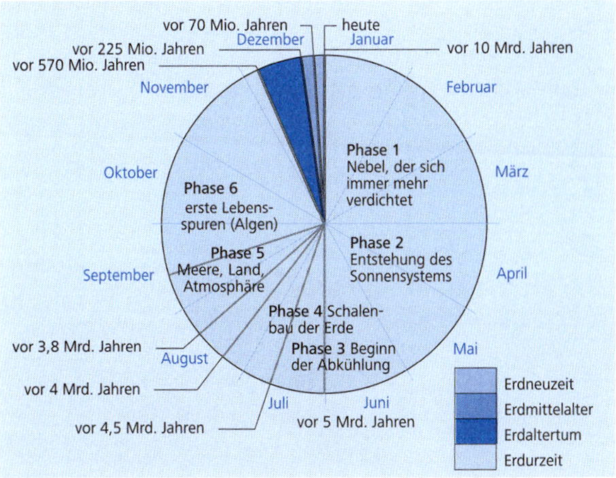

Geologische Zeituhr

Plattentektonik und Gebirgsbildung

Unterhalb der bis in 100 km Tiefe reichenden festen Gesteinsschicht, der **Lithosphäre**, steigt die Temperatur auf über 1500 °C. Das Gestein wird zähflüssig. Auf dieser sog. Schwächezone „schwimmen" sechs **Großplatten** und eine Reihe kleinerer Platten. Ihre Bewegungen werden durch Unterströmungen hervorgerufen, die in den Wärmeunterschieden des Erdmantels begründet sind. Mantelmaterial steigt an einigen Stellen auf, bewegt sich horizontal unter der Lithosphäre, kühlt ab und sinkt an anderer Stelle wieder ab.

Es gibt drei **Arten von Plattenbewegungen**:

1. Im Aufstrombereich von Mantelmaterial driften die Platten auseinander. Im Bereich der ozeanischen Kruste dehnt sich der Ozeanboden aus und es bilden sich mittelozeanische Rücken.
2. Im Abstrombereich von Mantelmaterial wandern die Platten aufeinander zu. Treffen zwei kontinentale Plattenränder aufeinander, kommt es zu einer Kollision. Stoßen ozeanische Platten zusammen, wird eine Platte zum Abtauchen gezwungen. Diesen Vorgang bezeichnet man als **Subduktion**. Am Beispiel von Japan ist zu erkennen, wie die Pazifische Platte unter die kontinentale Eurasische Platte subduziert wird.
3. Treiben Platten aneinander vorbei, entstehen Querbrüche.

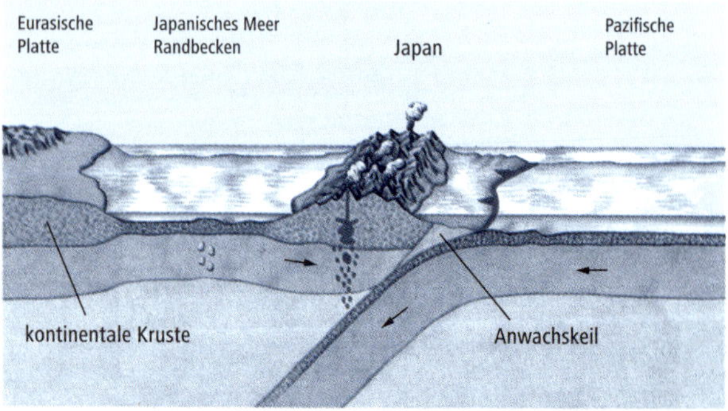

Aufeinandertreffen einer ozeanischen und einer kontinentalen Platte

Die Theorie der Kontinentalverschiebung wurde von dem Geophysiker Alfred Wegner (1880 – 1930) entwickelt. Daraus entstand der Begriff **Plattentektonik** (*Tektonik* = Bau der Erdkruste und Bewegung von Teilen der Erdkruste).

Orogenese (Gebirgsbildung; *oro* = grch. Berg, Gebirgs-). Die Gebirgsbildung lässt sich mithilfe der Plattentektonik erklären.

- Kollision von Kontinentalplatten: Sie werden übereinandergestapelt oder zum Abtauchen gezwungen. Folge: Die Erdkruste verdoppelt sich und es kommt ausgleichend zu starker Hebung.
- Aufeinandertreffen von kontinentaler und ozeanischer Platte: Die schwerere ozeanische taucht unter die kontinentale Platte, die gestaucht wird.
- Kollision von ozeanischen Platten: Eine Platte schiebt sich unter die andere. Folgen: Gesteinsaufschmelzungen und vulkanische Erscheinungen.

Faltungstektonik: Beim Aufeinanderstoßen von Platten wird die Lithosphäre gestaucht. In der Tiefe entstehen Falten, da der seitliche Druck einengend wirkt. Bei stärkerer Pressung verbiegt sich das Gestein, die Schichten können reißen. Erhöht sich der seitliche Druck, formen die Schichten sich zu Falten.

Gebirgsbildung	Zeit	Verbreitung
Alpidische	Kreide, Tertiär; vor 144–2,5 Mio. Jahren	Pyrenäen, Apennin, Alpen, Karpaten, Dinarisches Gebirge, Himalaja, Kordilleren
Variskische	Karbon; vor 360–285 Mio. Jahren	Französisches Zentralplateau, Appalachen, Ural, Gebirge Zentralasiens, Australische Kordilleren
Kaledonische	Silur; vor 438–407 Mio. Jahren	Kaledonisches Gebirge (Irland, England, Schottland, Norwegen)
Vorkambrische	Urzeit; vor mehr als 4500 Mio. Jahren	Baltischer Schild, Russische Tafel, Laurentia in Kanada, Sinai

Faltungsepochen weltweit

Vulkanismus und Erdbeben

Im Erdmantel bzw. in der Erdkruste steht **Magma** (Gesteinsschmelze) unter hohem Druck. Es kann in Klüften und Gesteinsspalten aufsteigen und tritt als **Lava** an die Erdoberfläche. Dünnflüssige Lava breitet sich schnell aus und schafft flache Abhänge vom Krater. In diesem Fall handelt es sich um einen **Schildvulkan**. Ist die Lava zähflüssig, schafft sie steilhängige Vulkanbauten, oft mit Nebenkegeln und Nebenkratern. Dieser Vulkantyp wird als **Schichtvulkan** bezeichnet.

Bei einem **Ausbruch** trennen sich schwerflüchtige Bestandteile (z.B. Oxide von Silicium, Aluminium, Eisen) von leichtflüchtigen Gasen und Dämpfen wie Wasserstoff, Kohlenmonoxid, Methan, Schwefel und Chlor. Bricht nach einem heftigen Ausbruch das Dach einer entleerten Magmakammer ein, entsteht ein Einbruchstrichter, eine **Caldera**.

Verbreitung von Vulkanen

1. heute über 550 tätige Vulkane, die meisten an den Plattenrändern aktiv, besonders im „zirkumpazifischen Feuergürtel"
2. Aus ortsfesten Schloten, hot spots, steigt Magma auf und durchdringt die Lithosphäre. Beispiel: Pazifische Platte, die langsam nach Nordwesten wandert.
3. an kontinentalen Grabenbrüchen (z.B. Ostafrikan. Graben)

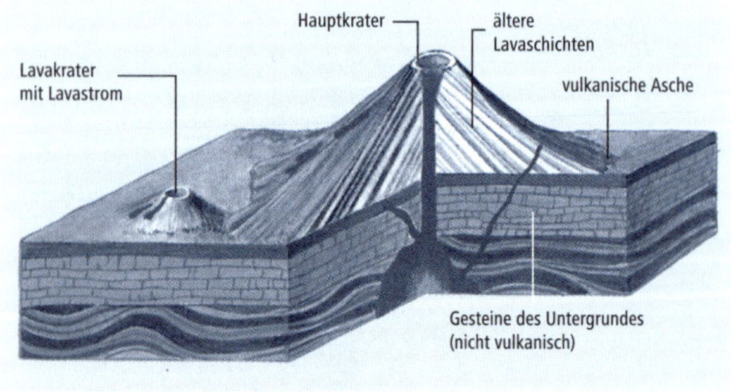

Schichtvulkan (Stratovulkan), z. B. der Ätna

Erdbeben sind Erschütterungen der Erdkruste bzw. des oberen Erdmantels. Ausgelöst werden sie durch Brüche und Spannungen in der Gesteinshülle. Die Spannungen lösen sich ruckartig, oft in mehreren Stößen. Erdbebenwellen breiten sich in alle Richtungen aus. In der Tiefe befindet sich der Herd des Erdbebens, das Hypozentrum, senkrecht darüber an der Erdoberfläche das Epizentrum.

Flachbeben treten bis zu einer Tiefe von 100 km auf, Tiefbeben dort, wo die Lithosphäre in eine Subduktionszone abtaucht, auch bis 700 km. Erdbeben auf dem Meeresgrund können verheerende Tsunamis (Flutwellen) auslösen.

Verbreitung von Erdbeben
Vorwiegend an Plattenrändern, besonders im „zirkumpazifischen Erdbebengürtel" (80 % aller aufgezeichneten Beben), weitere 15 % im Mittelmeerraum und in Südostasien
Messung von Erdbeben
Richterskala (nach oben offen): Maß für die von einem Seismographen aufgezeichnete Maximalamplitude der Erdbebenwellen in 100 km Entfernung vom Epizentrum; logarithmischer Maßstab, d. h., Stärke 7 ist zehnmal stärker als Stärke 6.

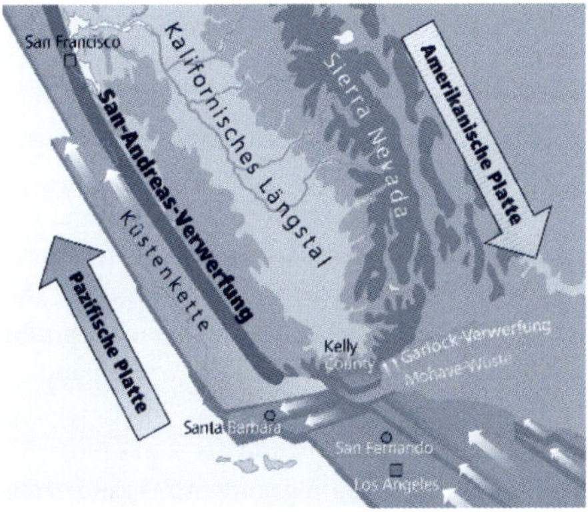

San-Andreas-Linie: Pazifische Platte driftet nach NW, schrammt an nach SO driftender Amerikanischer Platte vorbei; Verschiebung gegeneinander in den letzten 140 Mio. Jahren um 560 km; nächstes Erdbeben in Kalifornien vorprogrammiert

Kalifornien – geotektonische Zeitbombe

Kreislauf der Gesteine

Die Erdkruste besteht aus Gesteinen, die sich aus wenigen chemischen Elementen zusammensetzen. Das sind zu über 90 % Sauerstoff, Silicium, Aluminium, Eisen und Kalzium. Aus der Verbindung der einzelnen Elemente entstehen **Mineralien**, d. h. physikalisch und chemisch einheitliche Festkörper.

Entstehung und Gruppen der Gesteine:

1. **Magmatische Gesteine, Erstarrungsgesteine:** Granit, Basalt. Abhängig von der Zusammensetzung des Magmas und der Abkühlungszeit bilden sich Tiefengesteine, wenn das Magma in der Kruste erstarrt, oder Ergussgesteine, wenn das Magma in der Kruste erstarrt.
2. **Sedimentgesteine, Ablagerungsgesteine:** mechanische – Kies, Sand, Ton, Löss, Sandstein; chemische – Kalktuff, Kalkstein, Steinsalz, Kalisalz, Gips; biogene – Torf, Kohle, Erdöl, Asphalt: Sie entstehen aus auf dem Festland oder im Meer abgelagerten Verwitterungsprodukten und sind in der Regel durch Schichtungen gekennzeichnet.
3. **Metamorphe Gesteine, Umwandlungsgesteine:** Gneis, Schiefer, Marmor. Tauchen Erstarrungs- oder Sedimentgesteine in größere Tiefen des Erdmantels ab, sind sie großem Druck und hohen Temperaturen ausgesetzt. Dadurch setzen chemische Umwandlungen ein, das Gefüge der Gesteine verändert sich, Mineralien werden in andere Mineralien umgewandelt.

Auf die Gesteine wirken schon während der Gebirgsbildung Kräfte von außen, **exogene Kräfte**, ein. Dazu gehören Sonne, Frost, Wasser, Eis, Wind, Chemikalien, die Schwerkraft. Die Gesteine werden in ihrem Gefüge gelockert, sie verwittern und werden abgetragen. Die Sedimente werden übereinandergeschichtet und verfestigen sich durch den Druck. Durch Hebung nehmen sie wieder an der Verwitterung und der Abtragung teil. Fortgesetzte Senkung führt zur Faltung und zur Veränderung des Mineralsbestandes, bis das Gestein schließlich aufschmilzt.

Arten der Gesteinsverwitterung:

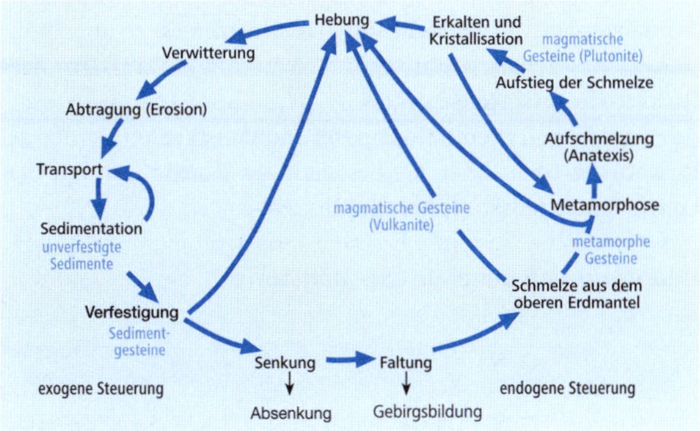

Der Kreislauf der Gesteine

1. **Physikalisch:** mechanische Zertrümmerung. Bei der **Temperaturverwitterung** bröckeln durch extreme Temperaturschwankungen einzelne Gesteinsstücke ab. Größere Platten platzen ab. Besondere Ausprägung in den Trockengebieten der Erde.
   Die **Frostverwitterung,** hervorgerufen durch den Wechsel von Gefrier- und Auftauvorgängen des Wassers in Gesteinsspalten, bewirkt Sprengung selbst größerer Blöcke. Wasser erhöht beim Gefrieren sein Volumen um 9 Prozent. Besondere Ausprägung im Hochgebirge und in der kalten Klimazone.
2. **Chemisch:** Zersetzung und/oder Umwandlung. **Lösungsverwitterung** erfolgt durch Wasser. Dabei werden Salzgesteine in Anionen und Kationen gespalten. Enthält das Wasser Kohlensäure, wird Kalkgestein in Kalziumhydrokarbonat umgewandelt. (Besonderheit: die *Karstverwitterung* in humiden Gebieten). Unter Sauerstoffeinwirkung kommt es bei Mineralien, die Eisen, Mangan und Schwefel enthalten, zur **Oxidationsverwitterung**. Eisen z. B. wird zu Rot- und Brauneisenstein umgewandelt.

3. **Biologisch:** Gesteinszerstörung durch Pflanzen und Tiere. **Wurzelsprengung** bringt das Gestein zum Bersten, Säuren von Pflanzen und Tierausscheidungen zersetzen es.

Rohstoffe und Ressourcen

Alle natürlichen Produktionsmittel und Hilfsquellen werden als **Ressourcen** bezeichnet. Sie bestehen aus **Rohstoffen** und den Umweltgütern Luft, Wasser und Boden.

Hauptgruppen mineralischer Rohstoffe

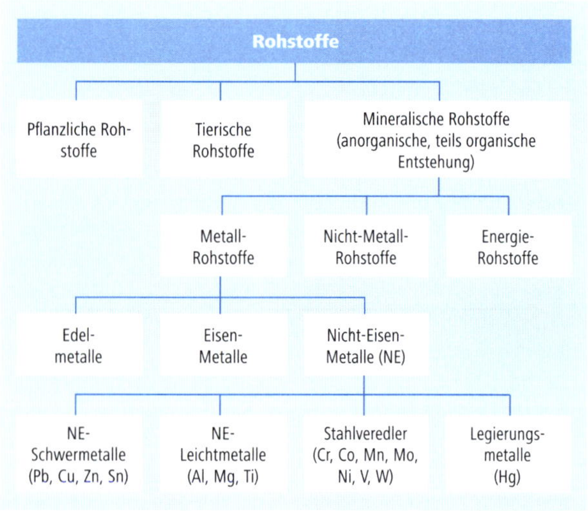

Rohstoffarten

1. Natürliche mineralische Brennstoffe: Torf, Braunkohle, Steinkohle, Erdöl, Ölschiefer, Ölsande, Asphaltgesteine, Erdgas
2. Erze der Eisen- und Nicht-Eisen-Metalle: Eisenerz, Stahlveredlungserze (Mangan-, Vanadium-, Titan-, Chrom-, Wolfram-, Molybdän-, Nickelerz)

Buntmetalle: Nickel-, Kobalt-, Kupfer-, Blei-, Zink-, Cadmium-, Zinn-, Wismut-, Quecksilber-, Antimon-, Arsenerz
Edelmetalle: Silber-, Gold-, Platin-, Palladiumerz
Leichtmetalle: Aluminium, Magnesium, Silicium, Kalzium, Strontium, Natrium, Kalium
Seltene Metalle: Zirkonium
Strahlende und zerfallsfähige Metalle: Uranpecherz

3. Nichtmetallische Rohstoffe: Steinsalz, Kalisalz, Phosphat, Asbest, Graphit, Quarz, Gips, Kalk, Ton, Kies, Sand

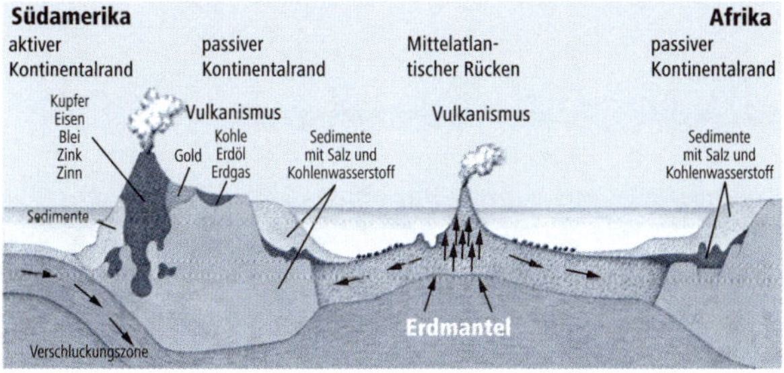

Plattentektonik und Lagerstättenverbreitung

Alle abbauwürdigen Anreicherungen natürlicher nutzbarer Mineralien nennt man **Lagerstätten**. Die ältesten Lagerstätten sind magmatischen Ursprungs im Innern der Kontinente sowie an aufeinanderstoßenden (konvergierenden) Plattengrenzen. Beispiel: Kupfervorkommen am südpazifischen Faltengebirgsgürtel. Durch Umwandlung von primären Erzen bildeten sich sekundäre sedimentäre Lagerstätten, überwiegend in Becken und Gräben im Innern der Kontinente. Beispiel: Entstehung des Rheinischen Braunkohlereviers vor 30 Mio. Jahren durch Scholleneinbruch am Nordrand des Rheinischen Schiefergebirges. Sobald primäre oder sedimentäre Lagerstätten einem Faltendruck ausgesetzt waren, kam es zur Umbildung in metamorphe (umgewandelte) Lagerstätten. Hierbei entstanden z. B. Graphit und Marmor. Verwitterungslagerstätten, z. B. Bauxit, bildeten

sich durch chemische Umwandlung in der feuchtwarmen Klimazone.
Auf submarinen Plateaus des Meeresbodens finden sich große Lagerstätten von Manganknollen, an submarinen Vulkanhängen Mangankrusten. Erzschlämme wurden dort entdeckt, wo heiße, metallhaltige Laugen aus Spalten im Meeresboden austreten, auf das kalte und chemisch anders zusammengesetzte Meerwasser treffen und ausgefällt werden. „Black Smokers" sind mehrere Meter hohe Schlote im Bereich des Mittelozeanischen Rückens. Sie bestehen aus Eisen-, Zink- und Kupfersulfiden.

1.2 Atmosphärische Grundlagen

Strahlungs- und Wärmehaushalt der Erdoberfläche

Der Strahlungshaushalt wird durch die Sonneneinstrahlung und den Strahlungsverlust bestimmt. Man unterscheidet zwei Formen der Strahlung: die kurzwellige Solarstrahlung (Wellenlänge 0,3 – 4 μm [ein Mikrometer = ein tausendstel Millimeter]) und die langwellige terrestrische Strahlung.
Die kurzwellige Strahlung wird beim Durchgang durch die Atmosphäre teilweise durch Absorption, Reflexion an Wolken, Luftmolekülen und in der Luft schwebenden Teilchen abgeschwächt. Nur noch 51 % der Einstrahlung erreicht die Erdoberfläche. Diese **Globalstrahlung**, d. h. die Menge der eingestrahlten Sonnenenergie, ist wegen der Kugelgestalt der Erde nicht überall gleich. Je steiler die Sonnenstrahlen einfallen, desto höher ist die Energiemenge. Deshalb erhalten die Tropen eine höhere Energiemenge als die gemäßigten Breiten und die Polarzonen. Auch die Reflexionsfähigkeit des Untergrundes (Albedo) spielt eine Rolle. Der teilweise Wärmeausgleich erfolgt über Luft- und Meeresströmungen.

Drei Vorgänge der Wärmeausbreitung

1. Wärmestrahlung: gradlinige Ausbreitung wie ein Lichtstrahl in Form von elektromagnetischen Wellen
2. Wärmekonvektion (Wärmetransport): durch Strömungs- und Turbulenzvorgänge in einem beweglichen Medium (Luft, Wasser) Transport von Überschuss- zu Mangelgebiet
3. Wärmeleitung: Durchfluss durch festen Körper, bedingt durch Kristallgitterschwankungen von Molekül zu Molekül

Langwellige Strahlung wird von der Erdoberfläche als infrarote Wärmestrahlung an die Atmosphäre zurückgegeben. Sie erreicht nur zu einem kleinen Teil noch das Weltall, da sie zu über 90 % von den Treibhausgasen Wasserdampf, Kohlendioxid, Methan, Ozon und Fluorchlorkohlenwasserstoffen (FCKW) absorbiert und in Wärme umgewandelt wird.

Den Erwärmungseffekt der Atmosphäre bezeichnet man als Glashaus- oder **Treibhauseffekt**. Die zur Erde wieder abgestrahlte Gegenstrahlung erhöht die Energiezufuhr. Ohne Treibhausgase würde die globale Lufttemperatur in Bodennähe lediglich −18 °C betragen.

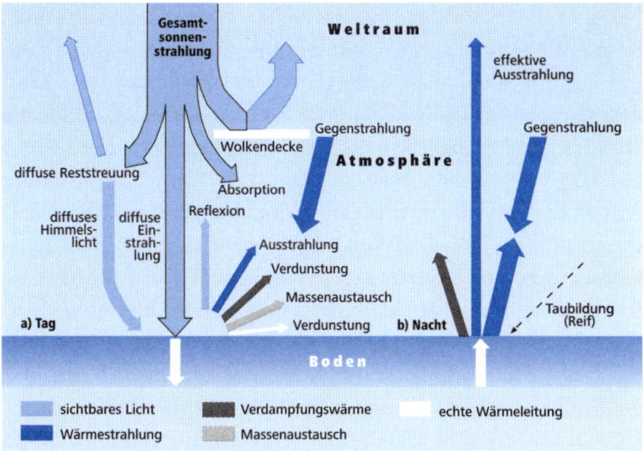

Strahlungs- und Wärmeausbreitung am Tag und in der Nacht

Tatsächlich herrscht in Bodennähe eine **globale Mitteltemperatur** von +15 °C. Anders als bei einem realen Glashaus entweicht jedoch ein Teil der Wärme in den Weltraum. Langfristig besteht jedoch ein Gleichgewicht zwischen Einstrahlung und Ausstrahlung.

Strahlungsbilanzgleichung
Strahlungsaufnahme minus Strahlungsabgabe
Gesamte Strahlungsbilanz = kurzwellige Strahlungsbilanz (Globalstrahlung minus reflektierte Sonnenstrahlung = direkte Strahlung + diffuse Strahlung minus reflektierte Strahlung) minus langwellige Strahlungsbilanz (effektive Ausstrahlung = terrestrische Strahlung minus Gegenstrahlung)

Planetarische Zirkulation

Aus dem Strahlungshaushalt der Erde ergeben sich globale Temperaturunterschiede, die ihrerseits zu Luftdruckdifferenzen führen. Gebieten mit Wärmeüberschuss, d. h. tropischer Warmluft, stehen Regionen mit Wärmedefizit, d. h. polarer Kaltluft, gegenüber.
Da in Äquatornähe die Einstrahlung am höchsten ist, steigt tropische Warmluft auf. Sie fließt polwärts. Durch den Massenverlust entsteht am Boden tiefer Luftdruck, die **äquatoriale Tiefdruckrinne**. An den Polen kühlt die Luft wegen der Ausstrahlung ab. Sie sinkt ab, wobei sich polare Hochdruckzonen bilden.

Am Boden besteht vom polaren Hoch zur äquatorialen Tiefdruckrinne ein Druckgefälle. In den oberen Schichten der **Tropopause** (über dem Äquator bis 15 km hoch, über den Polen bis 8 km) verläuft das Druckgefälle vom tropischen Höhenhoch zu den polaren Höhentiefs. Infolge der **Corioliskraft** (ablenkende Kraft der Erdrotation, auf der Nordhalbkugel nach rechts, auf der Südhalbkugel nach links) strömt die Luft vom Polarhoch als Ostwind ab; die vom Äquator zu den Polen strömende Luft wird zu einem Westwind umgelenkt.

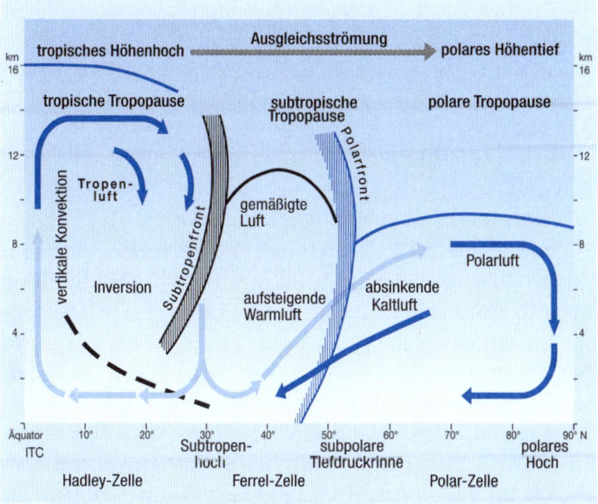

Globale Windsysteme – die atmosphärische Zirkulation

Die **tropische Passatzirkulation** wird durch drei übereinanderliegende Schichten bestimmt.

1. *Passat-Grundschicht:* Auf der Nordhalbkugel weht ganzjährig der Nordostpassat, auf der Südhalbkugel der Südostpassat. Die starke Erwärmung der Erdoberfläche verursacht tagsüber starke vertikale Luftbewegungen.
2. *Die Passat-Inversion:* Sie trennt feuchtere Luft der Grundschicht von der trockenen und absteigenden Kaltluft der Oberschicht.
3. *Die Passat-Oberschicht:* Trockene Luft strömt polwärts. Wegen der Einengung der Erdkugel sinkt ein Teil ab, erwärmt sich und strömt zum Äquator zurück.

In Äquatornähe treffen bodennah die Passatwinde aufeinander, steigen wieder auf und verstärken den Auftrieb in der äquatorialen Tiefdruckrinne. Diese Zone wird daher auch **Innertropische Konvergenzzone** (ITC) genannt.

Hauptströmungen der planetarischen Zirkulation
Drei Zellen auf jeder Halbkugel: Tropenluft, gemäßigte Luft, Polarluft; meridionaler Wärmeaustausch
Zwischen den Zellen 2 Frontalzonen: 1. Subtropenfront, trennt Warmluft von kühlerer Luft der gemäßigten Breiten, 2. Polarfront, trennt polare und subpolare Luft von wärmerer Luft der gemäßigten Breiten

Die **außertropische Zirkulation** ist gekennzeichnet durch aus Westen wehende Höhenwinde. Sie entwickeln sich in 8 bis 10 km Höhe als Strömungsband von 100 bis 300 km Breite. Die Strömungsrichtung verläuft parallel zu den Isobaren, oftmals in großen Wellen zwischen 40° und 70° nördlicher Breite. Die Windgeschwindigkeiten erreichen bis zu 600 km/Stunde. Man spricht in diesem Zusammenhang von **Strahlströmen** bzw. **Jetstreams**. Bei der Wellenbewegung können sich Strömungswirbel abspalten, die als dynamische Tiefdruckgebiete auf der Polseite die subpolare Tiefdruckrinne bilden und auf der Äquatorseite zu Hochdruckgebieten führen.

Druck- und Windgürtel der Erde

Luft übt aufgrund ihres Gewichtes Druck auf die Erdoberfläche aus. Der mittlere **Luftdruck** auf Meeresniveau beträgt 1013 Hektopascal (hPa). Das entspricht einer 1013 mm hohen Wassersäule. Mit zunehmender Höhe nimmt der Luftdruck ab; in 5000 m Höhe beträgt er nur noch rd. 500 hPa. Linien gleichen Luftdrucks in Kartendarstellungen werden als **Isobaren** bezeichnet.

Zwischen hohem und tiefem Luftdruck besteht ein Luftdruckgefälle, der **Luftdruckgradient**. Der Ausgleich erfolgt durch horizontale Luftströmungen, den **Wind**. Daneben gibt es noch vertikale Luftströmungen, bei denen in einem Hochdruckgebiet die Luft absinkt und in einem Tiefdruckgebiet aufsteigt.
Die horizontale Druckverteilung weist sieben Luftdruckgürtel auf. Die äquatoriale Tiefdruckrinne und die polaren Hochdruck-

gebiete sind thermische Druckgebilde, die subtropischen Hochdruckgürtel und die subtropischen Tiefdruckrinnen dagegen dynamische (warme) Luftdruckgebilde.

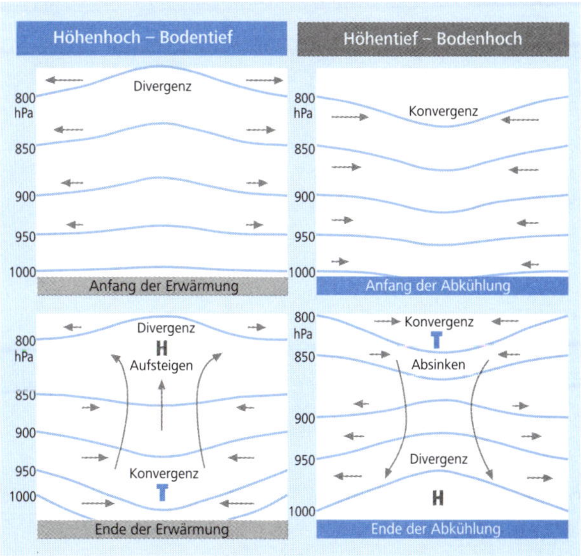

Entstehung thermischer Druckgebiete

Im Verlauf der **Jahreszeiten** verlagern sich die Druck- und Windgürtel um fünf bis acht Breitengrade im Sommer auf der Nordhalbkugel nach Norden, auf der Südhalbkugel entsprechend während des dortigen Sommers nach Süden. Die ITC wandert auf der Nordhalbkugel über festen Landmassen sogar um 20 Breitengrade nordwärts. Der Passat strömt über den Äquator in das Monsuntief und verändert seine Richtung von Südost nach Südwest.

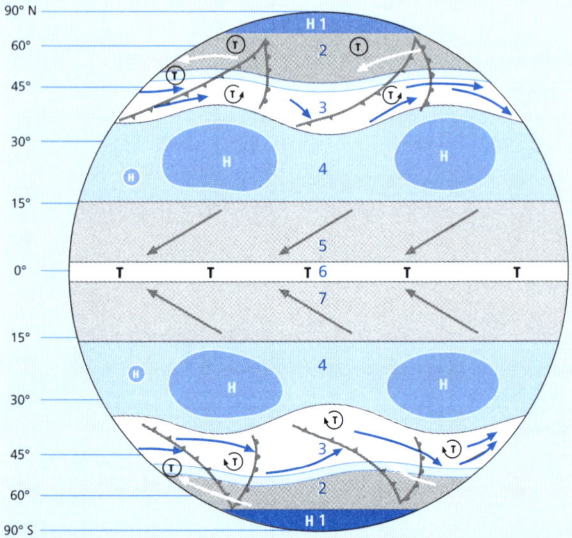

1 Polarhoch,
2 schwach ausgeprägte Ostwindzone,
3 polare Luftmassengrenze (Polarfront)/ausgeprägte Westwindzone,
4 Zone beständiger Hochdruckgebiete (Rossbreiten),
5 ausgeprägte Nordostwindzone; Nordostpassat,
6 Innertropische Konvergenzzone (ITC),
7 ausgeprägte Südostwindzone, Südostpassat

Thermische und dynamische Druckgebilde auf der Erde

Klimaklassifikation und Klimazonen

Lufttemperatur und Niederschlag sind die wichtigsten Klimaelemente. Großräume mit ähnlichen Klimabedingungen werden zu **Klimazonen** zusammengefasst. Klimatypen kennzeichnen die jeweilige Ausprägung in einer Klimazone. Zur besseren Übersicht und Abgrenzung gegeneinander erfolgt eine Einteilung bzw. Gliederung in Gruppen, die **Klimaklassifikation**.

Klimazonen mit stetigem Klima und mit Wechselklima

Klimazone	Klimaart	Klimamerkmale
polar	stetig	polare Luftmassen, niederschlagsarm, Dauerfrost, wärmster Monat >10 °C
subpolar	Wechselklima	trockener Winter, geringer Sommerniederschlag, kein deutlicher Jahreswechsel
gemäßigt	stetig	Westwindgürtel, wechselhaft, hohe Niederschläge, z. T. kühle Sommer
subtropisch	Wechselklima	Einfluss der Westwindzone, Sommer trocken-warm, Winter feucht-kühl
Passatzone	stetig	geringe Niederschläge, Zone der Rossbreiten, von Passatwinden überweht
tropisch	Wechselklima	regelmäßiger Wechsel von Regen- und Trockenzeit, Zenitalregen
äquatorial	stetig	ganzjähriger Einfluss der ITC, Zenitalregen, ganzjährig sehr warm u. feucht

1. Genetische Klimaklassifikation (Genese, Entstehung):
Die Ursachen der Klimamerkmale werden im Wesentlichen aus der atmosphärischen Zirkulation abgeleitet, umfassen also Drucksysteme und Windgürtel oder daraus abgeleitete Luftmassen. Berücksichtigung finden ebenfalls Land-Meer-Verteilung sowie das Relief. Die Klimate der Hochgebirge sind innerhalb der Klimazonen ausgegliedert. Aus dieser Einteilung ergibt sich eine nahezu breitenparallele Anordnung der Klimazonen. Als nachteilig werden die geringe quantitative Aussagekraft und die schwierige räumliche Abgrenzung der Klimatypen angesehen.

2. Effektive Klimaklassifikation (Auswirkung, Effekt):
Sie orientiert sich am Zusammenhang von Klima und Vegetation, d. h., sie beschreibt die Auswirkungen. Zur Abgrenzung kommen Grenz- und Schwellenwerte von Temperatur und Niederschlag zum Tragen, die durch jahreszeitliche Verteilung oder eine bestimmte Dauer ergänzt werden.

Die **Einteilung der Klimazonen** erfolgt mit Großbuchstaben, denen zwei weitere Buchstaben folgen. Der zweite Buchstabe bezieht sich auf die Feuchtebedingungen (S = Steppenklima, W = Wüstenklima, f = ganzjährig ausreichender Niederschlag, s = Trockenheit im Sommer, w = Trockenheit im Winter).
Der dritte Buchstabe gibt mit Wärme- und Kältewerten den Klimauntertyp an. Er wird manchmal weggelassen.

Klimate	Merkmale
A tropische	Durchschnittstemperaturen aller Monate < 18 °C
B trockene	r = Jahresniederschlag in cm, t = Jahresmitteltemperatur in °C; Winterregengebiet: r = 2t; Trockengebiet: r < 2(t+7) oder 2 (t+14)
C warm-gemäßigte	Niederschläge ganzjährig über Trockengrenze, Durchschnittstemperaturen des kältesten Monats: 18 °C bis −3 °C, die des wärmsten Monats über 10 °C
D Schnee	nur auf der Nordhalbkugel, Durchschnittstemperatur des kältesten Monats unter −3 °C, die des wärmsten Monats über 10 °C
E Eis	Durchschnittstemperatur wärmster Monat > 10 °C

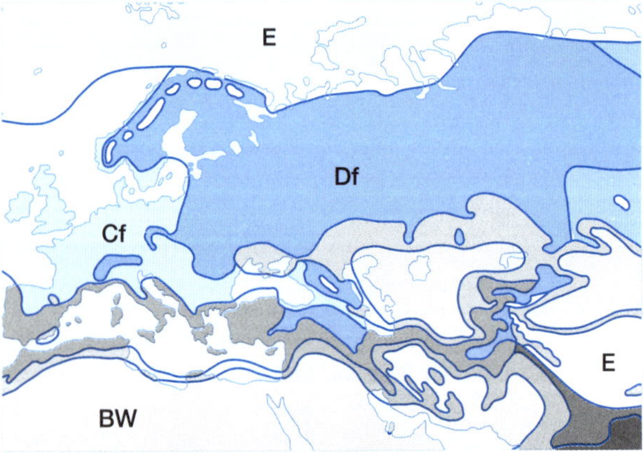

Effektive Klimaklassifikation nach Köppen (Ausschnitt)

Klimawandel durch anthropogene Einflüsse

Der durch den Menschen verursachte **Treibhauseffekt** hat seit Beginn der Industrialisierung stark zugenommen. Allein die Kohlendioxidemissionen sind seitdem um 30 % gestiegen und erhöhten im 20. Jahrhundert die Temperatur global um 0,6 °C. Methan stieg um 120 % an, Distickstoffoxid um 10 %.

Durch die langlebigen **Treibhausgase** wird die Temperatur des Bodens und der unteren Atmosphäre aufgrund der zusätzlichen Wärmestrahlung aus der Atmosphäre verstärkt. Folgen sind u. a. Veränderungen bei den Niederschlägen und der Bewölkung, bei der Gletscher- und Schneebedeckung sowie beim Meeresspiegel. Zusätzlich treten Wetterextreme auf.

Die wichtigsten Treibhausgase

Treibhausgas	Quelle	Konzentration (ppm)	Verbleib in Atmosphäre	Anteil* (%)
Kohlendioxid CO_2	fossile Brennstoffe, Brandrodung	1000–1750: 280 2000: 368	100 J.	60
Methan CH_4	Reisfelder, Viehhaltung, Biomasse, Mülldeponien, Erdgasgewinnung	1000–1750: 0,7 2000: 1,65	10 J.	20
Ozon O_3	fossile Brennstoffe	1750–2000: +357 % 2000: 0,02	30–90 T. Stratosphäre 2 J.	4
Wasserdampf H_2O	Verbrennung, Erwärmung der Luft	+75 % in letzten 45 Jahren	10 T. Stratosphäre 2 J.	
Distickstoffoxid N_2O	fossile Brennstoffe, Stickstoffdünger in der Landwirtschaft	1000–1750: 0,27 2000: 0,31	150 J.	5–6
Fluorchlorkohlenwasserstoffe FCKW	Spraydosen, Kühlgase in Kühlmitteln, Kunststoffverschäumung	0,0002 seit 1995 leichter Abfall	5–10 J.	14–17

* am anthropogenen Treibhauseffekt; ppm = parts per million

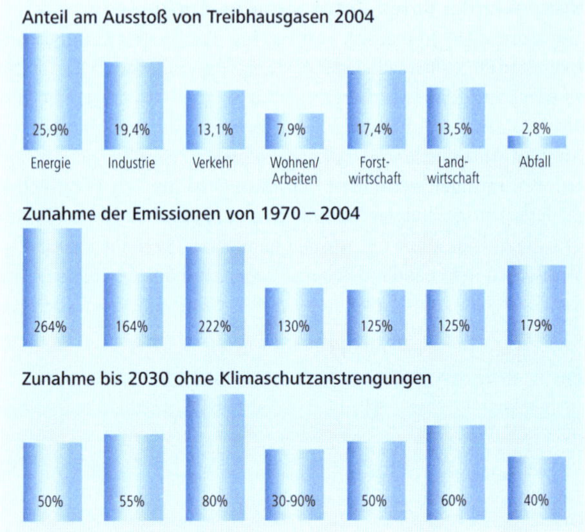

Treibhausgase nach Sektoren

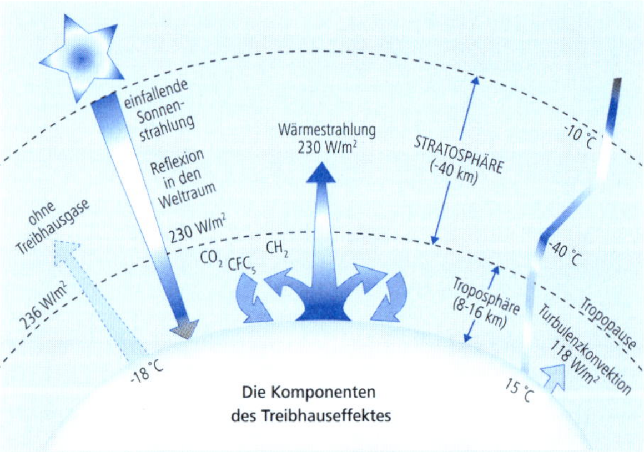

Faktoren des Treibhauseffektes

Auswirkungen des Temperaturanstiegs

Das Klimasystem reagiert träge, aber trotz aller Gegenmaßnahmen zur Reduzierung von Treibhausgasen wird die Temperatur in den kommenden beiden Dekaden um jeweils 0,1 °C ansteigen. Die Folgen der bisherigen Erwärmung sind bereits heute zu spüren: Hitzewellen, Sommertrockenheit, Waldbrände, Überschwemmungen, Auftauen des Dauerfrostbodens im Gebirge und in den nördlichen Breiten.

IPCC-Berichte (Intergovernmental Panel on Climate Change; Weltklimarat der Vereinten Nationen)

1. 1990 → Beschluss der Klimarahmenkonvention, Umweltgipfel in Rio des Janeiro 1992
2. 1995 → Grundlage für das Kyoto-Protokoll 1997, völkerrechtlich verbindliche Reduktion von Treibhausgasen ab 2005 für die meisten Industrieländer
3. 2001 → Grundlage für Rio+10-Gipfel in Johannesburg 2002
4. 2007 → Warnung vor nicht mehr abzuwendenden Folgen der Klimaerwärmung

Die schlimmsten **Folgen des Klimawandels**, falls die Erwärmung im günstigsten Fall bis 2100 nur um weitere 1,1 bis 2,9 °C und im ungünstigsten Fall um bis zu 6,4 °C zunimmt:
Am stärksten betroffen ist die Antarktis durch das Abschmelzen der Gletscher, den kleinen Inselstaaten im Pazifik droht die Überflutung durch den Meeresspiegelanstieg, Afrika südlich der Sahelzone wird von Dürren heimgesucht und an den dichtbevölkerten Flussmündungen Asiens häufen sich die Überschwemmungen.
Einer stärkeren Erwärmung werden nach Meinung der IPCC auch verschiedene Ökosysteme zum Opfer fallen. 20 bis 30 Prozent aller Arten könnten ausgelöscht werden. Korallenriffe gehen zurück und Salzmarschen sowie Mangrovenwälder versinken bei einem Meeresspiegelanstieg. Savannen breiten sich dort aus, wo für ehemals tropischen Regenwald nicht mehr genügend Wasser zur Verfügung steht.

Der Weltklimarat fordert, dass die **Trendwende** bis 2020 geschafft wird. Er beziffert die Kosten für die Umstellung auf CO_2-arme Technologien auf 12 Billionen (!) Dollar. Die Klimaveränderung betrifft Industrie- und Entwicklungs- bzw. Schwellenländer gleichermaßen. So werden die **USA**, 2007 noch größter CO_2-Emittent und Nicht-Unterzeichner des Kyoto-Protokolls zur Kohlendioxid-Reduktion, von besonders starken Hurrikanen heimgesucht werden.

China als weltgrößter Kohleverbraucher wird in wenigen Jahren die USA bei der CO_2-Produktion überholen. Das Land erwärmt sich bereits schneller als die anderen Weltregionen mit dem Ergebnis, dass extreme Regenfälle besonders in Ostchina zunehmen werden. Zu erwarten sind noch häufigere und stärkere Taifune sowie Sandstürme, die die Wüstenbildung weiter vorantreiben.

Auch **Deutschland** bleibt vom Klimawandel nicht verschont. In den nächsten 30 Jahren wird sich die Temperatur im Norden um 3 °C erhöhen, im Süden um 3,75 °C. Die Sommerniederschläge gehen im Durchschnitt um 20 bis 30 % zurück, in Teilen Süd- und Ostdeutschlands sogar um bis zu 50 %. Dagegen nehmen die Winterniederschläge zu: an den meisten Orten um 5 bis 10 %, im Norden und Südwesten um 20 bis 30 %.

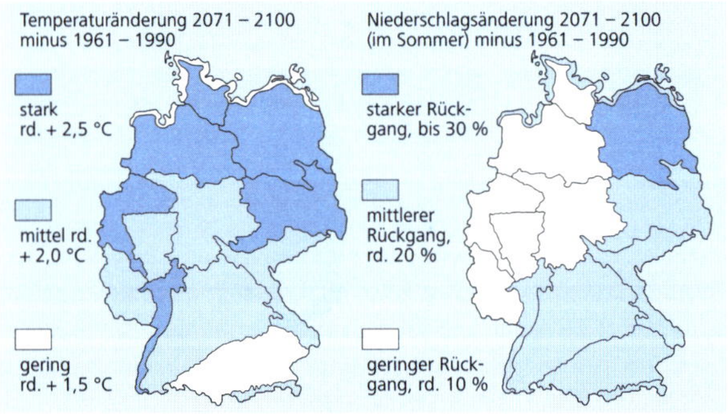

Klimawandel in Deutschland (nach Umweltbundesamt)

Wasserhaushalt der Erde und Wasserkreislauf

Die Wasserhülle der Erde, die **Hydrosphäre**, umfasst neben den Weltmeeren alles Wasser der **Lithosphäre** (Gesteinshülle) und der **Atmosphäre** (Lufthülle). Die Wasserfläche der Weltmeere ist mit rd. 361 Mio. km^2 2 ½-mal so groß wie die der Festlandsgewässer mit 149 Mio. km^2. Wasser tritt in drei Aggegratzuständen auf: als flüssiges Wasser im Meer, in den Festlandsgewässern und im Boden, als Eis und Schnee in gebundener Form (auch im Dauerfrostboden) sowie als Wasserdampf in der Atmosphäre.

Der **globale Wasserhaushalt** unterliegt einer ständigen Zustands- und Ortsveränderung des Wassers. Er wird durch die unterschiedliche Einstrahlung der Sonne, die geringere Wärmeabstrahlung des Wassers gegenüber dem Land und durch die Erdrotation bestimmt.

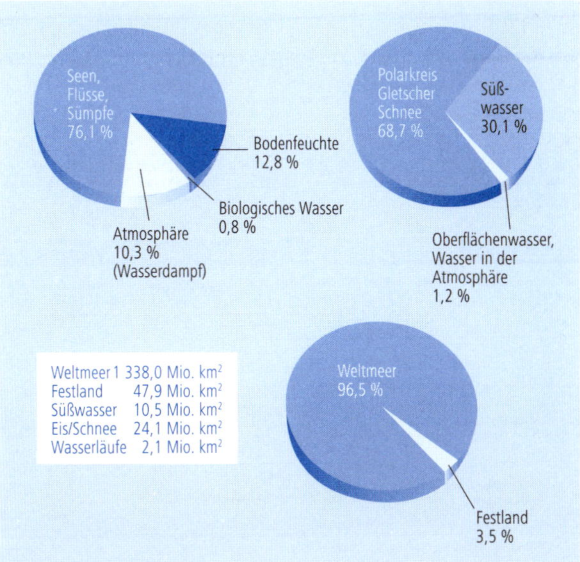

Die Wasservorkommen der Erde

Der **Wasserkreislauf** wird durch Verdunstung, Kondensation, Niederschläge und Abfluss bestimmt. Hauptverdunstungsräume sind die Ozeane. Der größte Teil fällt als Regen über den Meeren, ein kleinerer Teil wird als maritime Meeresluft zum Festland transportiert und regnet dort ab. Der große Wasserkreislauf vom Meer zum Land wird durch den kleinen Kreislauf auf und über den Kontinenten ergänzt.

Wasserbilanz (Wasserhaushaltsgleichung)
Global: N (mittlerer Niederschlag) = V (mittlere Verdunstung)
Festland: N (Niederschlag) = A (Abfluss) + V (Verdunstung)
Humides Klima: Niederschlag größer als Verdunstung: N > V
Arides Klima: Niederschlag geringer als Verdunstung: N < V
Erweitert bei Wasserzufuhr/Speicherung/Rücklage (R) und Wiederverbrauch (B): N = A + V + (R – B)

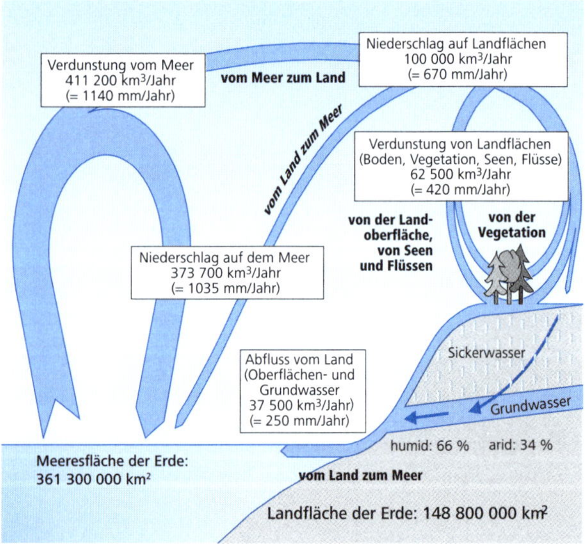

Globaler Wasserkreislauf

Evaporation: Ein Teil der Niederschläge verdunstet direkt an der Oberfläche.
Transpiration: Das von der Pflanzendecke aufgenommene Wasser wird an die Atmosphäre zurückgegeben.
Abfluss: Die Niederschläge sammeln sich unter- oder oberirdisch und fließen in das Meer zurück.

1.3 Bodenökologische Grundlagen

Entstehung und Entwicklung von Böden

Boden ist die dünne Verwitterungsschicht der Erde zwischen Lithosphäre und Atmosphäre. Das unter dem Boden lagernde Gestein verwittert durch exogene (außenbürtige) Kräfte.

Bodenart: Unterteilung nach Mineralien und Korngröße; Steine, Kies, Sand, Schluff, Ton
Bodentyp: Entwicklungszustand und Bodenhorizont ähnlich Bleicherde (Podsol) – gemäßigte, kaltgemäßigte Klimate; Braunerde – kühlgemäßigte Klimate; Schwarzerde (Tschernosem) und kastanienfarbene Böden – Trockenklimate der Mittelbreiten; tropische Roterden – tropische Klimate

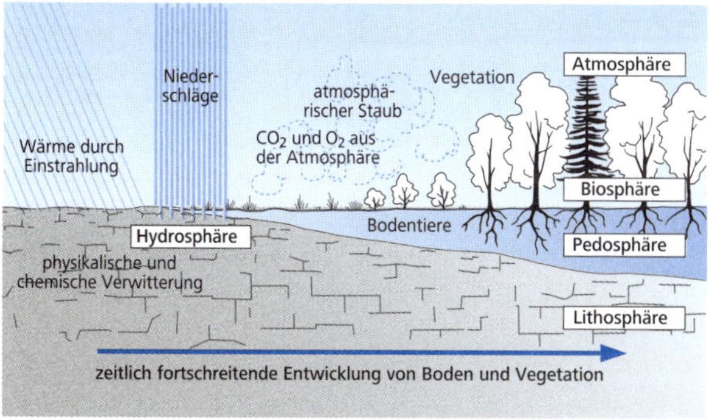

Bodenbildungsprozess in zeitlich fortschreitender Entwicklung

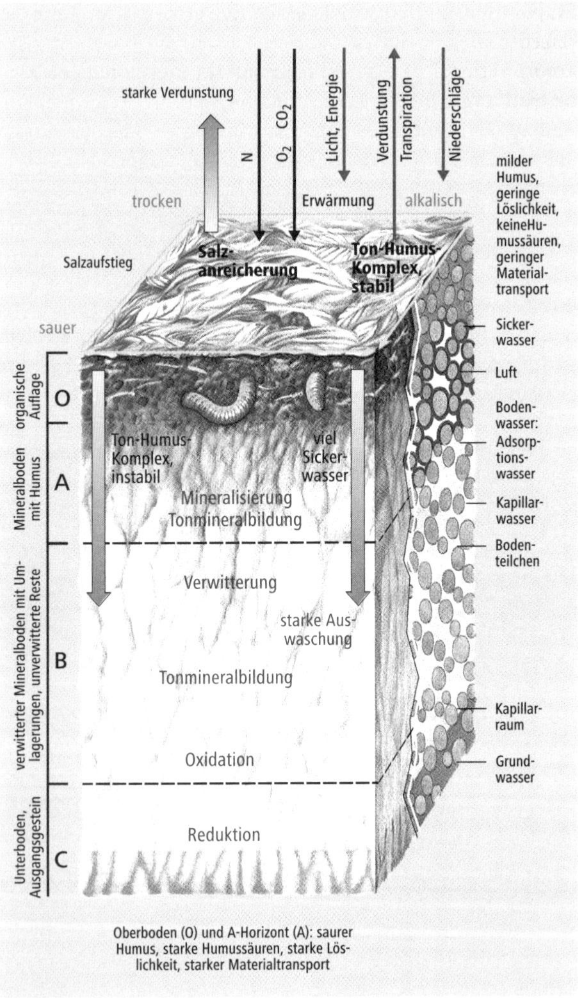

System Boden

Humifizierung: Abgestorbene Pflanzen und Tiere werden zersetzt. **Mineralisierung**: Organische Substanz wird durch Mikroorganismen in **Humus** umgewandelt. **Tonmineralien**: Sie bestehen aus Schichten von Alumium-Sauerstoff- und Silicium-Sauerstoff-Molekülen. Zweischicht- und Dreischicht-Tonminerale unterscheiden sich durch ihr Wasseraufnahmevermögen und die Speicherfähigkeit für Kationen (=positiv geladene Atome). Dadurch können Pflanzennährstoffe angelagert werden.

Chemische Verwitterung: H_2O und CO_2 aus der Luft verbinden sich zu Kohlensäure und führen zu **Lösungsverwitterung** (Beispiel Karstbildung). Bei der **Hydrolyse** wird die Kristallstruktur der Mineralien durch Wasser und Wärme zersetzt. Durch Reaktion mit anderen Verwitterungsprodukten entstehen z. B. Tonmineralien und Eisenoxide. **Oxidationverwitterung** setzt Eisenionen frei, die durch Luftsauerstoff oxidiert werden.

Nährstoffkreislauf und Bodenfruchtbarkeit

Dem Boden entnehmen die Pflanzen zahlreiche **Nährstoffe** zum Aufbau ihrer organischen Substanz. Die Hauptnährstoffe enthalten die Elemente Stickstoff (N), Phosphor (P), Kalium (K) und Magnesium (Mg). Zusätzlich werden in geringen Mengen **Spurenelemente** wie Mangan (Mn), Zink (Zn), Kupfer (Cu) und Eisen (Fe) benötigt. Die Elemente werden von der Pflanze in Wasser gelöst aufgenommen.
Im Boden bilden freie, aus einzelnen Ionen bestehende Pflanzennährstoffe einen „Nährstoffpool". Die Nährstoffe liegen als positiv geladene Kationen vor (z. B. K^*). Pflanzen haben an den Wurzeln Wasserstoffionen (H^*), die gegen Nährstoffionen getauscht werden. Gute Nährstoffspeicher sind Tonminerale und Huminstoffe (Inhaltsstoffe des Humus), da sie Nährstoffkationen anlagern und im Austausch mit H^*-Ionen wieder abgeben.
In humiden Gebieten gelangen Pflanzennährstoffe durch Auswaschung in den Unterboden bzw. in das Grundwasser und sind für die Wurzeln nicht mehr erreichbar. In ariden Regionen stei-

gen die Nährstoffe in Kapillarröhrchen auf und bleiben z. T. als Salzkruste an der Erdoberfläche, sobald das Transportmittel Wasser verdunstet ist.

Gesetz vom Minimum

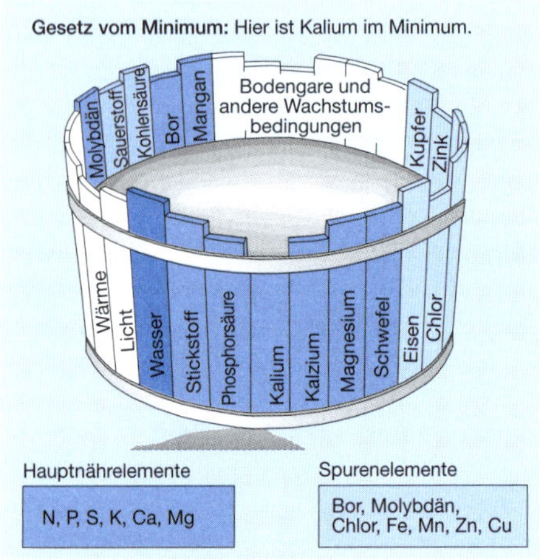

Abhängigkeit der Entwicklung von dem Element, das in der niedrigsten Konzentration vorkommt; relative Wirkung eines Faktors umso größer, je mehr dieser im Minimum ist (von dem deutschen Chemiker Justus von Liebig [1803–1873] formuliert, Auffassung gilt als überholt)

Gesetz vom Minimum, Beispiel Kalium

Gelangen sehr viele H*-Kationen in den Boden, wird dieser sauer. Die Ionenkonzentration wird durch den **ph-Wert** (lat. *potentia hydrogenii*, Stärke des Wasserstoffs) angeben. In den gemäßigten Breiten liegt der ph-Wert im schwach sauren Bereich (5–6,5), bedingt durch Auswaschung und sauren Regen. Zum Erreichen einer neutralen Bodenreaktion mit einem ph-Wert zwischen 6 bis 8, der für die Pflanzen die besten Wachstumsbedingungen bietet, wird Kalk auf die Felder gestreut.

Bodenfruchtbarkeit ergibt sich aus dem Zusammenwirken von Pflanzennährstoffen, Bodenwasser, Bodendurchlüftung, Wärme im Boden und Durchwurzelbarkeit. Zum Nährstoffgehalt zählen verwitterbares Gestein, oberirdische Biomasse und Humus.

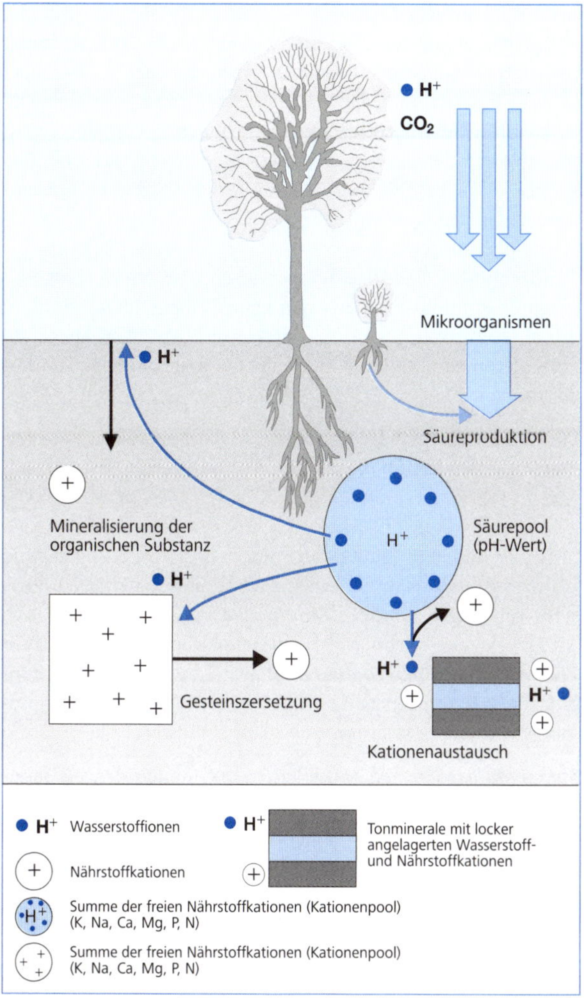

Nährstoffversorgung

Bodenzonen der Erde

Das globale Bodenverbreitungsgebiet entspricht der Anordnung der Klima- und Vegetationszonen. *Azonale Böden* sind weniger an das Klima als an die Gesteine im Untergrund gebunden. Dazu gehören Gebirgsböden sowie Aueböden der großen Fluss-Systeme und tiefgründige, tonreiche Böden, sog. Vertisole (lat. *vertere* = wenden), die auf vulkanischen Basaltdecken entstanden, z. B. in Indien und Afrika.

Tundrenböden: Niedrige Temperaturen und der Wechsel zwischen Frost und Auftauen lassen keine Bodenbildung, sondern nur eine Frostschuttzone zu. Bei Wasserüberschuss, aber dauernd gefrorenem Boden bildet sich blau-grau gefärbter Tundra-Gleyboden.

Waldböden der gemäßigten Zone: In der Waldzone der gemäßigten Breiten nimmt die chemische Verwitterung zu. Am weitesten verbreitet ist der ***Podsol*** (*Asche-*, *Bleicherdeboden*). Die aschgraue Färbung entsteht durch Auswaschung der Eisenoxide in tiefere Bodenhorizonte, in denen sich Eisen-, Mangan- und Humusverbindungen zu nahezu wasserundurchlässigem Ortstein verfestigen können. ***Braunerdeböden*** in der Laub- und Mischwaldzone zeichnen sich durch hohe Speicherfähigkeit für Pflanzennährstoffe aus. Eine Bodenvariante ist die ***Parabraunerde***, bei der Tonminerale vom A- in den B-Horizont ausgewaschen werden (*Lessivierung*).

Steppenböden: In den winterkalten und semiariden bis semihumiden Gebieten herrschen ***Schwarzerdeböden*** (*Tschernosem*) mit einem hohen Humusanteil und einer Mächtigkeit von bis zu einem Meter vor. Sie treten in Südosteuropa, der GUS, in den nordamerikanischen Prärien und der argentinischen Pampa auf. In semiariden Gebieten, z. B. in Südosteuropa und dem südlichen Russland, bildeten sich **kastanienfarbene Böden** aus. Die Trockenheit reduziert die chemische Verwitterung, sodass diese Böden nur schwach humos sind.

Wüsten- und Halbwüstenböden: Die geringen Niederschläge erlauben nur eine reduzierte chemische Verwitterung und ein wenig entwickeltes Bodenleben. Mechanische Verwitterung überwiegt, teils kommt es zu Krustenbildungen und Salzböden (*Solonchak*) mit Salzausblühungen.

Braune und rote Böden der Subtropen: Besonders in den Mittelmeergebieten sind auf Kalkstein entstandene Böden verbreitet. Ihre Namensgebung – *Terra rossa* – geht auf die Rotfärbung durch das Eisenoxid Hämatit zurück.

Rotbraune Savannenböden: Das warme und frostfreie Klima mit einer Regenzeit ermöglicht die Bildung großer Mengen von Tonmineralen. Durch chemische Verwitterung wandeln sich die Eisenbestandteile um und verursachen die Rotfärbung.

Tropische Roterde: Das tropische Klima mit seinen gleich bleibend hohen Temperaturen und ausgeprägten Starkregen beschleunigt die chemische Verwitterung. Nährstoffe werden ausgewaschen, die tiefgründigen Feinböden (*Latosole*) erreichen eine Mächtigkeit von 6 bis 10 m. Die Eisen- und Manganverbindungen im Oberboden begünstigen die Laterisierung, d.h. Kieselsäureanreicherung, und führen zur Verkrustung des Bodens.

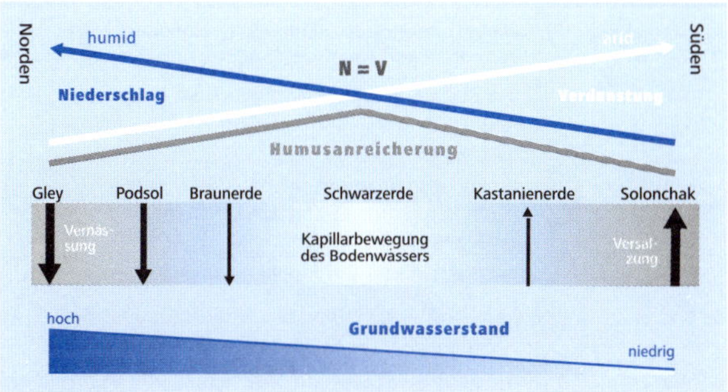

Klimabedingte Bodenzonen in den Außentropen

Bodentypen

Der Boden ist in Horizonte unterteilt, die sich durch unterschiedliche physikalische, chemische und biologische Merkmale unterscheiden. Die einzelnen **Bodenhorizonte** weisen eine unterschiedliche Färbung auf.
Das **Bodenprofil** eines Bodentyps gliedert sich in drei Abfolgen. Der auch Mutterboden genannte und stark belebte und durchwurzelte *A-Horizont* bildet den mineralischen Oberboden. Wegen des Humus ist er meist dunkel gefärbt. Im mineralischen *B-Horizont* finden die zunehmende Verwitterung des Gesteins und eine rötlich-braune Färbung statt. Der zuunterst liegende *C-Horizont* umfasst das wenig oder noch nicht veränderte Ausgangsgestein.
Zwischen den Bodenhorizonten, in der Regel zwischen dem A- und B-Horizont, erfolgen Verlagerungsvorgänge. Sie hängen von der Bewegungsrichtung des Bodenwassers ab.

A	**Oberboden** (Auswaschungshorizont)
A_h	h = Humus; durch Huminstoffe gefärbt
A_e	e = lat. eluere, ausgewaschen; an Eisen, Aluminiumoxiden und Humus verarmt, hellgrau
A_l	l = frz. lessever, ausgewaschen; hell, an Ton und Kalk verarmt
B	**Unterboden** (Anreicherungshorizont)
B_v	v = verbraunt; durch chemische Umwandlung verbraunt und verlehmt
B_h	h = Humus; vorwiegend durch Humuseinlagerungen gefärbt, grau-braun bis schwarz; Eisen- und Aluminiumoxide, von Humus überdeckt
B_s	s = lat. sesqui, anderthalbmal, Sesqioxide; vorwiegend durch Eisen- und Aluminiumeinlagerung entstanden
B_t	t = Ton; vorwiegend mit Ton angereichert
A_{ox} B_{ox}	ox = Oxid; nach intensiver Verwitterung als Rest zurückgebliebene Anreicherung von Oxiden
C	**Ausgangsgestein** (Muttergestein, Untergrund)

Kennzeichnung der Bodenhorizonte

Die Bildung von **Schwarzerde** ist an kalkreiches, lockeres Ausgangsgestein gebunden. Ein hoher Tongehalt findet sich auch im A-Horizont. Die Ionenaustauschkapazität wird als hoch eingestuft. **Ferralitische Böden** der Tropen sind intensiv verwittert, weisen fast keinen Restmineralgehalt und eine niedrige Kationenaustauschkapazität auf.

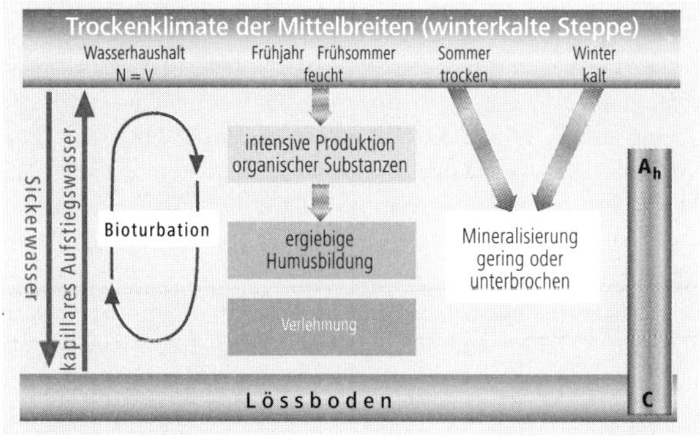

Bildung von Schwarzerde

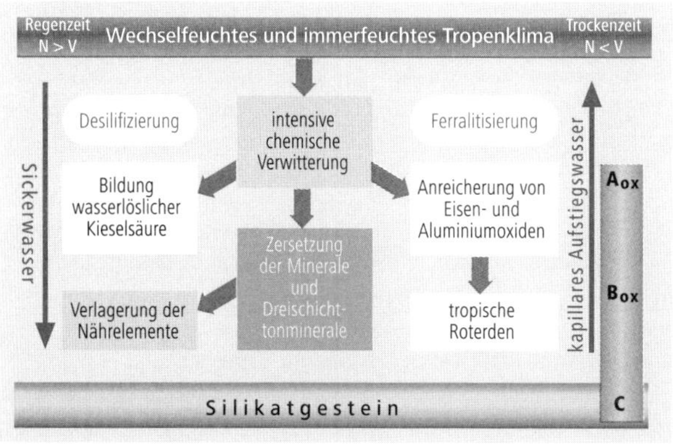

Umwandlungs- und Verlagerungsvorgänge in ferralitischen Böden

Desilifizierung: durch Lösungsverwitterung starke Verarmung des Bodens, anschließende Auswaschung; Ferralitisierung: (*ferrum* = lat. Eisen, *al* = Aluminium), Anreicherung von Eisen- und Aluminiumoxiden im Verwitterungshorizont, Gelb- bis Rotfärbung

Gefährdung der Böden

Böden entwickeln sich in Jahrtausenden. Gestörte Bodenfunktionen können sich nur in langen Zeiträumen regenerieren, **Bodenzerstörung** hingegen ist irreversibel. Der natürliche Bodenabtrag durch Wind und Wasser wird durch den Menschen verstärkt, sodass der **Bodendegradation** (lat. *degradare* = erniedrigen), d. h. Verlust oder unumkehrbarer Veränderung, jährlich zwischen 5 bis 8 Mio. ha landwirtschaftlicher Nutzfläche zum Opfer fallen.
Ursachen sind Versiegelung der Landschaft, nicht angepasster Ackerbau, Überweidung, Waldabholzung und Verunreinigungen bzw. Belastungen mit Schadstoffen. Die globale Erwärmung könnte in den Tropen und Subtropen zu einer Veränderung führen und die Bodenfruchtbarkeit um ein Drittel senken.

> **Bodenerosion** – Abtrag von Bodenmaterial durch Wasser, Wind, Schneeschmelze, Hangrutschungen
> Wassererosion: flächen- und linienhafter Bodenabtrag durch Niederschläge, besonders in humiden Klimaten; Bildung von Erosionsrinnen, durch Tropfenaufprall auf ungeschützter Bodenoberfläche Verstopfung der Poren und Verschlämmung
> Winderosion: Auswehen der oberen Bodenpartikel (Deflation), häufiges Auftreten in ariden und semiariden Gebieten, aber auch in Mitteleuropa, wenn Felder brachliegen

Durch Landwirtschaft verursachte Erosion

Bei freiliegendem Kulturland oder nach einer **Entwaldung** ist der Boden der Wind- und Wassererosion ausgesetzt. Starkregen können bis zu 500 t/ha abspülen. Intensive Beweidung, besonders ausgeprägt in Entwicklungsländern, führt zu **Überweidung**, d. h. zur Zerstörung der Pflanzendecke. In Trockenklimaten wird dann der Boden durch Winderosion abgetragen. Bodenbearbeitung an steilen Hängen in Richtung Hangneigung fördert die Bildung von Erosionsgräben. **Bodenverdichtung** in der Land- und Forstwirtschaft durch Schwermaschinen erhöht die Gefahr eines erhöhten Oberflächenabflusses.

Bodenversalzung tritt vornehmlich in ariden und semiariden Klimaten durch unzureichende Bewässerungstechnik, d. h. mangelnde Wasserzufuhr oder fehlende Drainage, auf. An der Oberfläche verdunsten aufgestiegene Salze und zerstören die Flächen.

Als **Desertifikation** wird die Entstehung und Ausbreitung wüstenhafter Verhältnisse bezeichnet. Ursachen sind Übernutzung und nicht standortgerechte Nutzung wie z. B. Wasserentnahme aus großen Tiefen. Zu den Folgen zählen Degradation der Vegetation, Bodenabtrag, Sandverwehungen sowie Bodenverschlechterung. Rd. 70 % der landwirtschaftlich genutzten Trockengebiete der Welt sind von Wüstenbildung betroffen.

Die **Schadstoffbelastung** der Böden erfolgt durch Schwermetalle (u. a. Blei, Cadmium, Zink), Säuren, Salze

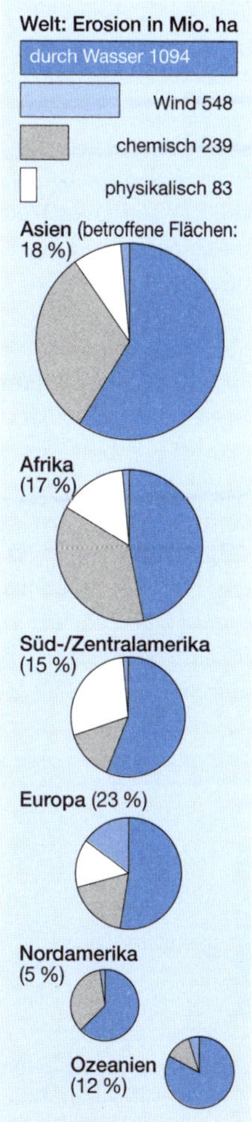

Ausmaß der weltweiten Bodenzerstörung

und organische Stoffe wie Kohlenwasserstoffe. Auch industrieferne Gebiete sind durch Ferntransport von Staub und belasteten Niederschlägen betroffen. Schwermetalle können im Boden nicht abgebaut werden, andere Schadstoffe werden im Boden angereichert oder von Humusteilchen und Tonmineralen absorbiert. Gelangen Schadstoffe, die der Boden nicht absorbieren kann, in das Grund- und Oberflächenwasser, können Pflanzen sie aufnehmen. Über die Nahrungskette findet eine Anreicherung statt.

1.4 Geoökosysteme und Landnutzung

Geoökosysteme im Modell

Unter einem **Geoökosystem** versteht man eine abiotisch-biotische Funktionseinheit. Sie umfasst den Naturraum in verschiedenen Größen bis hin zur Ökosphäre als Gesamtheit aller Ökosysteme. Abiotische Faktoren sind die nichtbelebten Bestandteile wie Klima, Wasser, Relief und Boden, obwohl Letzterer teilweise belebt ist. Die biotischen Faktoren beziehen sich auf die Gesamtheit aller biogenen standortprägenden Umwelteinflüsse. Ein **Landschaftsökosystem** bezieht die gesellschaftliche Dimension, d. h. die Einwirkung des Menschen auf die Geofaktoren, mit ein.

> **Topen:** kleinste und homogene Raumeinheiten
> **Biotop:** Ökofaktoren der Lebensgemeinschaft eines Ökosystems, bestehend aus Pflanzen und Tieren
> **Ökotop:** abgegrenzte (naturräumliche) ökolog. Raumeinheit

Ökosysteme zeichnen sich durch ein komplexes **Wirkungsgefüge** aus, bei dem Elemente wie z. B. Luft, Wasser und Bodenart und einzelne Komponenten wie Relief und Lebensgemeinschaften zusammenwirken. Ein langsame Veränderung erfolgt immer dann, wenn sich die äußeren Bedingungen ändern.

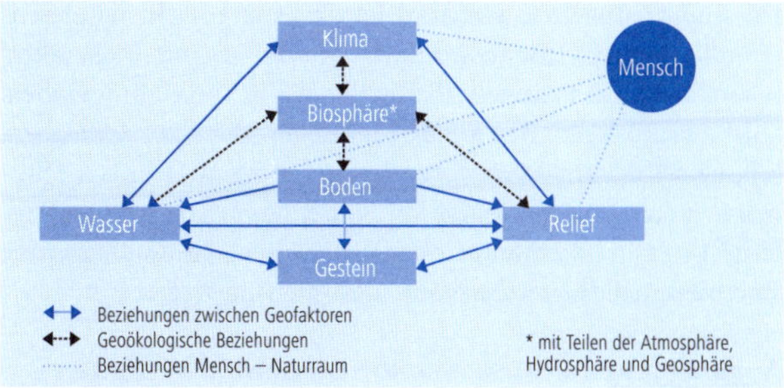

Beziehungen in einem Ökosystem

Ein Ökosystem ist eine Funktionseinheit aus verschiedenen **Systemelementen**, die als **Kompartimenten** bezeichnet werden. Diese stehen miteinander in Wechselwirkung. Zwischen den einzelnen Stoffkreisläufen besteht ein natürliches Gleichgewicht. Zur Veranschaulichung komplexer Beziehungs- oder Wirkungsgefüge werden häufig Fließ- und Strukturdiagramme sowie Kausalschemata verwendet.
Modelle bilden in abstrakter Form einen Ausschnitt aus der Wirklichkeit vereinfacht ab. Bestimmte Merkmale werden absichtlich weggelassen, um die Komplexität zu reduzieren. Die Wechselwirkungen werden durch Pfeile, Linien und Flächensignaturen dargestellt.

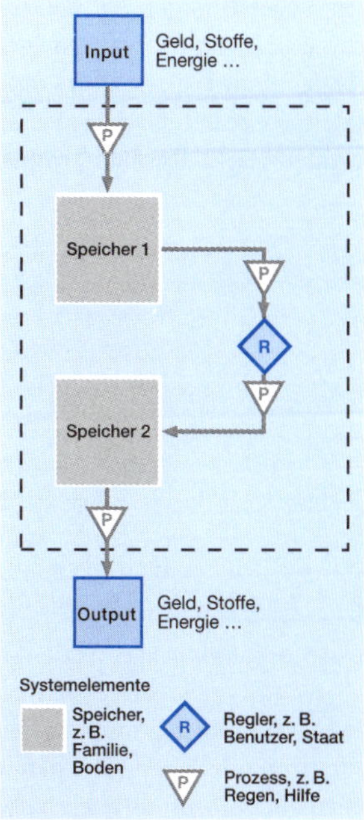

Systemelemente

Der **Energiefluss** bzw. **Stofftransfer** zwischen einzelnen Elementen oder Ökosystemen wird durch *Input* und *Output* charakterisiert, die durch Prozesse (*P*) miteinander in Verbindung stehen. Solche Prozesse können z. B. Niederschlag oder Nährstoffauswaschung sein. *Speicher* wie Grundwasser, Bodenwärme oder Biomasse halten Energie/Masse kurz- oder langfristig zurück. Regler (*R*) steuern die Menge oder die Energie. Zu unterscheiden sind hier Struktur-, Kapazitäts- und Intensitätsregler.

Ausprägung und Anordnung von Geoökosystemen

Die Geoökosysteme bilden die ranghöchsten natürlichen Raumeinheiten der Geosphäre. Sie sind durch die Wuchsform der Vegetation geprägt, die auf unterschiedliche Wärme-, Wasser- und Lichtangebote angewiesen ist. Besteht ein ausreichendes Angebot an Wärme und Wasser, entwickeln sich Waldformationen (borealer Nadelwald, sommergrüne Laub- und Mischwälder, Hartlaubwälder, tropischer Regenwald).

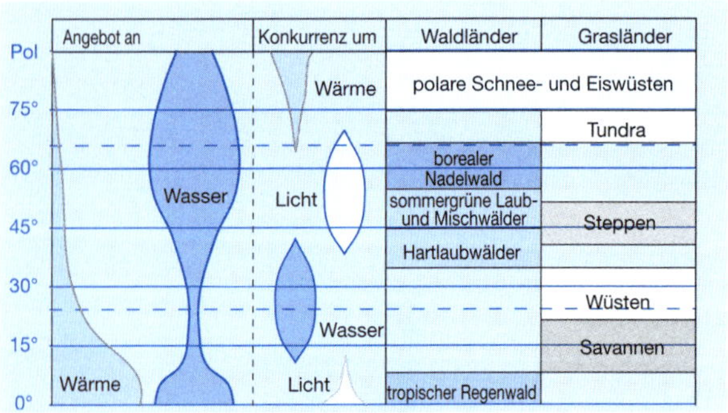

Ökologische Bedingungen für die Verbreitung von Geoökosystemen

Reicht das Wasser nicht aus, können nur trockenheitsresistente Pflanzen überleben (Steppen und Savannen). Sowohl bei geringer Feuchtigkeit als auch bei wenig Wärme bestimmen Gräser und niedrig wachsende Sträucher das Bild (Tundra und Wüsten bzw. Halbwüsten). Ein zu geringes Wärmeangebot trotz ausreichender Feuchtigkeit im Hochgebirge oder in den polaren Schnee- und Eiswüsten lässt die Vegetationsausbreitung gegen Null tendieren.

Grundsätzlich lässt sich festhalten, dass geringe Niederschläge weniger das Wachstum hemmen als zu geringe Wärme. Konkurrenz um Licht findet in den Gebieten mit Waldformationen zwischen den Bäumen und krautigen Pflanzen am Boden statt.

Die Geoökosysteme gliedern sich in Naturlandschaftszonen:

1. Polare Zone (Eiswüste, Tundra)
2. Gemäßigte Zone (Nadel-, Laub- und Mischwald, Steppe, Wüste und Halbwüste)
3. Subtropische Zone (Hartlaubwälder, Laub abwerfende immergrüne Wälder, Steppe, Wüste)
4. Tropische Zone (winterwarme Wüsten, Savanne, Regenwald)

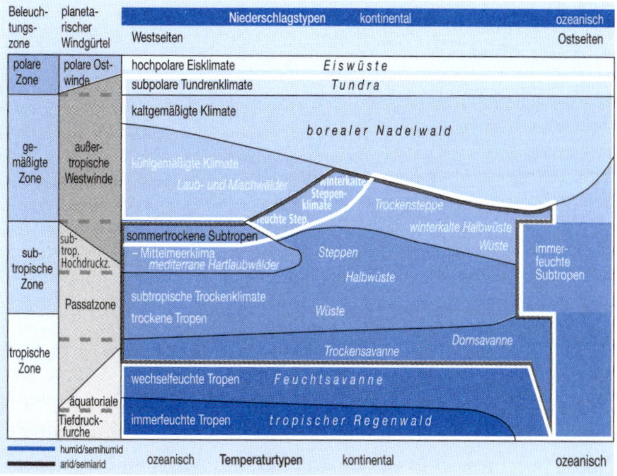

Klimazonen und Ökosystem der Erde im Modell

Über dem Festland erstrecken sich die Naturlandschaftszonen

annähernd breitenparallel, lediglich unterbrochen von den Ozeanen. Wegen der Verteilung der Kontinente ist die Zonalität auf der Nordhalbkugel stärker ausgeprägt als auf der Südhalbkugel. Eine weitere Modifizierung bis hin zur Azonalität ergibt sich aus den klimatischen Gegensätzen zwischen See- und Kontinentalklima, den klimatischen Gegensätzen an den Ost- und Westseiten der Kontinente sowie den Höhenstufen in den Hochgebirgen.

Globale ökologische Probleme

Die Geosphäre setzt sich aus einzelnen Sphären zusammen, die wie eine Hülle die gesamte Erde umziehen. Die kleinste, nur auf dem Festland ausgebildet und lückenhaft verbreitet, ist die Pedosphäre. Alle Sphären stehen miteinander in Beziehung.

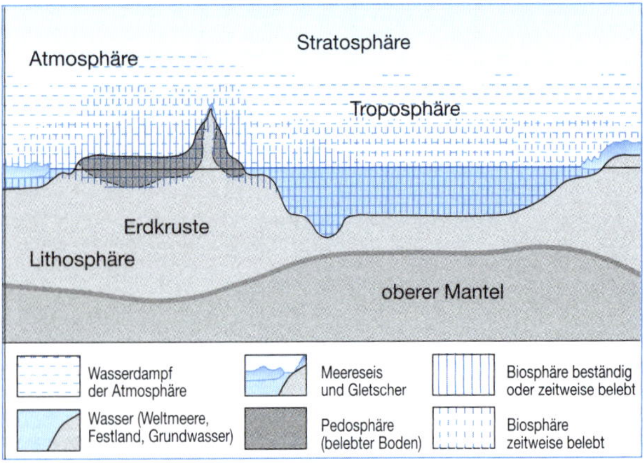

Aufbau der Geosphäre

Der Mensch als Bestandteil des Ökosystems Erde greift als Störfaktor in das Wirkungsgefüge Mensch-Umwelt ein. Während die Natur in langen Zeiträumen arbeitet, beschleunigt der Mensch zahlreiche Abläufe in kurzen Zeitabschnitten.

Dimensionen der Sphären
Atmosphäre: Troposphäre (bis 16 km), Stratosphäre (bis 50 km), Mesosphäre (bis 80 km), Thermosphäre (bis 500 km), Exosphäre (bis 1000 km)
Hydrosphäre: über Erdoberfläche rd. 12 km, im Meer bis 11 km
Pedosphäre: bis rd. 5500 m Bodenbildung
Biosphäre: bis rd. 8000 m, im Meer bis 10 000 m Tiefe
Lithosphäre: bis rd. 8800 m, unter Erdoberfläche bis 16 km

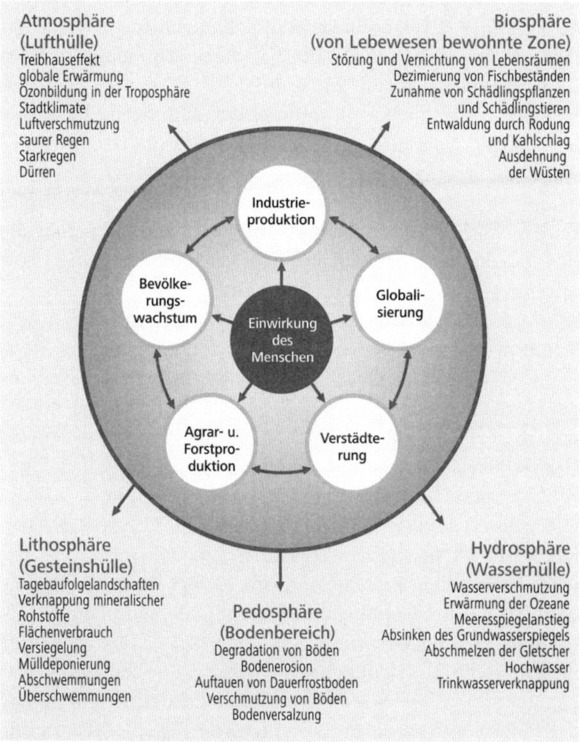

Schema globaler ökologischer Probleme

Nachhaltige Entwicklung

Unter **Nachhaltigkeit** (engl. *sustainable development*) versteht man ein Gesamtkonzept für die heutige Generation, so zu leben, dass die Existenzgrundlagen zukünftiger Generationen geschützt und erhalten bleiben. Vereinfacht ausgedrückt, soll von den Erträgen gelebt werden statt von der Substanz.
Das Wachstum der Weltbevölkerung und der Verbrauch vieler Ressourcen weisen jedoch darauf hin, dass die **Tragfähigkeit** der Erde sich ihren Grenzen nähert. Auf dem sog. Erdgipfel in Rio de Janeiro 1992 verabschiedeten 179 Teilnehmerstaaten die aus 40 Kapiteln bestehende **Agenda 21** (= Aktionsprogramm für das 21. Jahrhundert, lat.: *was zu tun ist*).
Hauptgesichtspunkt der **Handlungsempfehlungen**, die an die Staaten und Kommunen sowie gesellschaftliche Gruppen und einzelne Bürger gerichtet sind, ist der zukunftsfähige, also *nachhaltige* Umgang mit den Ressourcen. Diese umfassen neben den Bodenschätzen und nachwachsenden Rohstoffen ebenfalls die miteinander vernetzten lokalen, regionalen und globalen Ökosysteme. Nachhaltigkeit schließt praktisch die gesamte Geosphäre mit ein. Sie lässt sich mit **fünf Zielvorgaben** beschreiben: Schutz der Erdatmosphäre, gesunde Lebensbedingungen, Arten- und Landschaftsvielfalt, Erhaltung der Regenerationsrate erneuerbarer Ressourcen und Verringerung des Verbrauchs nicht erneuerbarer Ressourcen. **Nachhaltige Entwicklung** wird nicht auf Ökosysteme begrenzt, sondern steht in einem „magischen Dreieck“ zusammen mit Ökonomie und dem Sozialsystem.
Die meisten Kapitel enthalten ökologische Zielvorstellungen, z. B. Kapitel 8: Schutz der Erdatmosphäre, 9: Planung und Bewirtschaftung von Bodenressourcen, 11: Bekämpfung der Entwaldung, 12: Bekämpfung der Wüstenbildung und Dürren, 13: nachhaltige Bewirtschaftung von Berggebieten, 14: nachhaltige Landwirtschaft und ländliche Entwicklung, 17: Schutz der Ozeane, Meere und Küstengebiete, 18: Schutz der Güte und Menge der Süßwasserressourcen, 20: umweltverträgliche Entsorgung gefährlicher Abfälle.

Neben der Agenda 21 wurden in Rio die *Klimarahmenkonvention*, die *Konvention zum Schutz der biologischen Vielfalt, die Konvention zur Bekämpfung der Wüstenbildung* und die *Waldgrundsatzerklärung* beschlossen.
Auf der Nachfolgekonferenz in Johannesburg 2002 (*World Summit on Sustainable Development*) stellte sich heraus, dass viele Ziele nicht erreicht worden waren.

Ökologische Kernregeln (nach www.bmu.de)
Regeneration: Erneuerbare Naturgüter wie z. B. Holz oder Fischbestände dürfen nur im Rahmen ihrer Regenerationsfähigkeit genutzt werden.
Substitution: Nichterneuerbare Naturgüter wie Energieträger dürfen nur in dem Umfang genutzt werden, in dem ein gleichwertiger Ersatz geschaffen wird.
Anpassungsfähigkeit: Schadstoffe und andere Substanzen dürfen nur im Rahmen der Anpassungsfähigkeit der Ökosysteme freigesetzt werden.
Vermeidung unvertretbarer Risiken: Technische Großrisiken mit möglicherweise katastrophalen Auswirkungen auf die Umwelt sind zu vermeiden.

Die Klimarahmenkonvention wurde 1997 durch ein Zusatzprotokoll, das **Kyoto-Protokoll**, ergänzt. Es sieht vor, sechs Treibhausgasgruppen bis 2012 um 5,2 % im Vergleich zu 1990 zu reduzieren. Dazu zählen das durch die Verbrennung von fossilen Energieträgern entstehende CO_2, das bei der Erdgasförderung, bei der Viehzucht, im Reisanbau und auf Deponien entweichende Methan, bei der Aluminiumproduktion entstehende perfluorierte Kohlenwasserstoffe, durch Stickstoffdüngung freigesetztes Lachgas sowie das zur Isolierung in Hochspannungskabeln verwendete Gas Schwefelhexfluorid.
Auf die Ziel-Ebene (Reduktion der Emissionen) muss die **Strategie-Ebene** folgen (Einsparung, Substitution). Sie mündet in der **Maßnahmen-Ebene** (rationellere Verwendung, Einsatz anderer Stoffe und Materialien).

Landschaftsökosysteme

Eine ausschließlich durch Geofaktoren geprägte Landschaft wird als **Naturlandschaft** bezeichnet. Die Naturfaktoren einer vom Menschen unberührten Landschaft sind Klima, Boden, Wasser, Relief und Vegetation sowie Tierwelt. Derartige Teilräume sind nur noch im Hochgebirge, in der Wüste und in der Polarzone vorhanden. Im erweiterten Sinne kann Naturlandschaft auch für eine theoretische und anthropogen unbeeinflusste Landschaft stehen.

In einer **Kulturlandschaft** steht der Mensch im Mittelpunkt der durch ihn genutzten Ökosysteme. Der Naturraum bildet für die sozialen Gruppen mit ihrem Beziehungsgeflecht zwischen Bevölkerung, Wirtschaft, Verkehr und Siedlung nur noch den äußeren Rahmen. Anthropogen bedingte Kulturökotope sind an die Stelle von natürlichen Ökotopen getreten.

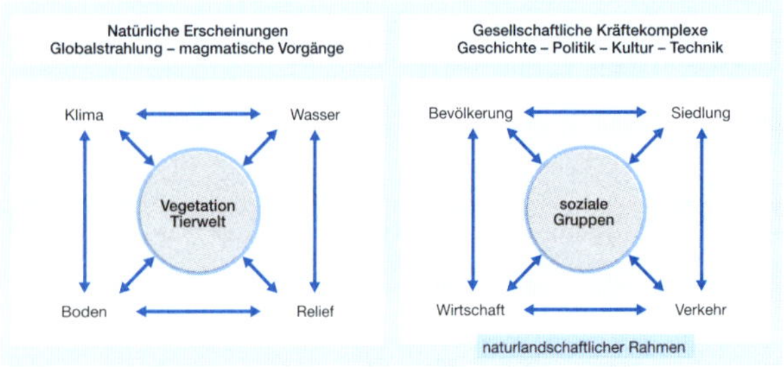

Naturlandschaftsraum und Kulturlandschaftsraum

Der **Grad der Veränderungen** hängt von der Entwicklungsstufe ab. In einfachen Agrargesellschaften wird die Kulturlandschaft weniger stark genutzt. Dem stehen stark genutzte, naturferne und auf Fremdregulierung angewiesene Räume in intensiven Agro-Ökosystemen und urbanindustriellen Ökosystemen mit einem hohen Flächenanteil gegenüber. Die Bemühungen, naturnahe Kulturlandschaften wiederherzustellen, sind eng mit dem Faktor Zeit verknüpft.

Ein Landschaftsökosystem setzt sich als funktionale Einheit aus einem Naturraum und in der Regel aus einer vom Menschen überformten Landschaft zusammen. Der **Landschaftshaushalt** umfasst das Wirkungsgefüge von Klima, Wasser, Relief/Gestein/Geländeformen, Bodenbildung und Bios (Pflanzenwelt: Phytozönose und Tierwelt: Zoozönose). Letztere hängen vom abiotischen Potenzial des Geosystems ab. Für den Teilbereich Naturraum gelten naturgesetzlich bestimmte Prozesse.

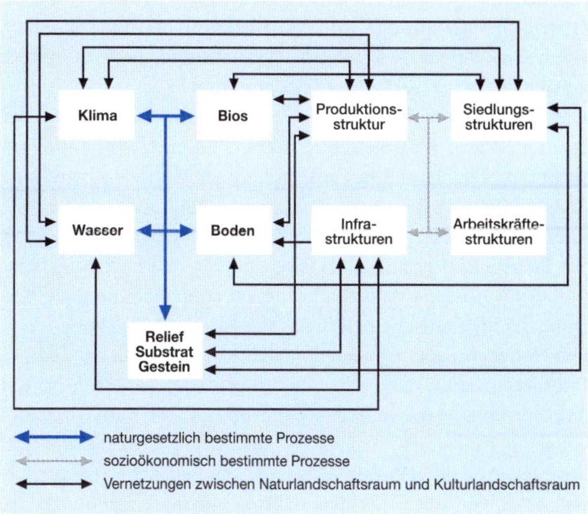

Modell des Landschaftsökosystems

Sozioökonomisch bestimmte Prozesse laufen innerhalb der Kulturlandschaft ab. Umfassender sind die **Vernetzungen** zwischen Natur- und Kulturlandschaftsraum. So bestehen Wechselwirkungen zwischen Siedlungsstrukturen, Klima, Wasser, Boden, Relief und Bios. Eine gleiche Wechselwirkung mit verschiedenen Strängen vollzieht sich zwischen Produktionsstrukturen bzw. Infrastrukturen und den Geofaktoren.

Geoökosystem Hochgebirge – Beispiel Alpen

Der **Geofaktor Relief** übernimmt für Klima, Vegetation und Prozesse der Reliefbildung die Steuerfunktion. Einflussgrößen sind Höhenlage, Exposition (Ausrichtung auf Sonne, Regen, Schnee usw.) und Hangneigung.

In der obersten Höhenstufe wirken Schnee- und Tundrenklima auf den Untergrund ein, sodass physikalische Verwitterung, Schwerkraft und die Transportleistung von Eis und Wasser Lockermaterial talwärts befördern. Besonders wirksam für die Oberflächengestaltung sind Frostsprengung und Bodenfließen, wenn von Wasser durchtränktes Verwitterungsmaterial nachts gefriert und sich tagsüber wieder erwärmt.

Die Alpen liegen im Bereich der **Westwindzone**. Während der Nord- und Westrand Stauregen erhält, sind inneralpine Täler oft regenarm. Durch erhöhte Einstrahlung und Sonnenscheindauer ergeben sich teils kontinentale Klimabedingungen. Andererseits können Alpentäler von Inversionswetterlagen betroffen sein mit der Folge, dass nicht die Talsohlen, sondern die nach Süden exponierten Hänge klimatisch bevorzugt sind. Hangneigung und Hangrichtung entscheiden über die Sonneneinstrahlung.

Die Höhenstufen der Vegetation verändern sich mit der Temperaturabnahme in der Höhe. Sie reichen vom Laubwald in der Talsohle über Nadelwald und Krummholz in die Rasenzone und gehen oberhalb der klimatischen Schneegrenze in die Moos- und Flechtenzone über. Als orografische Schneegrenze wird die tatsächliche, von der Geländegestaltung abhängige Höhengrenze bezeichnet.

Die **Eingriffe in das Ökosystem** haben nach dem Niedergang der traditionellen und angepassten bäuerlichen Almwirtschaft zugenommen. Verstädterung der Längstäler, Verkehrserschließung (Alpentransit) und der bisaisonale Massentourismus führen zu schweren ökologischen Belastungen. Störfaktoren im Geoökosystem sind aufgelassene Almen, Erosion und Bodenfließen, Schneeabbrüche und Lawinen, Überbauung und Versiegelung, Trink- und Brauchwasserentnahme, Stauseen und Skipisten.

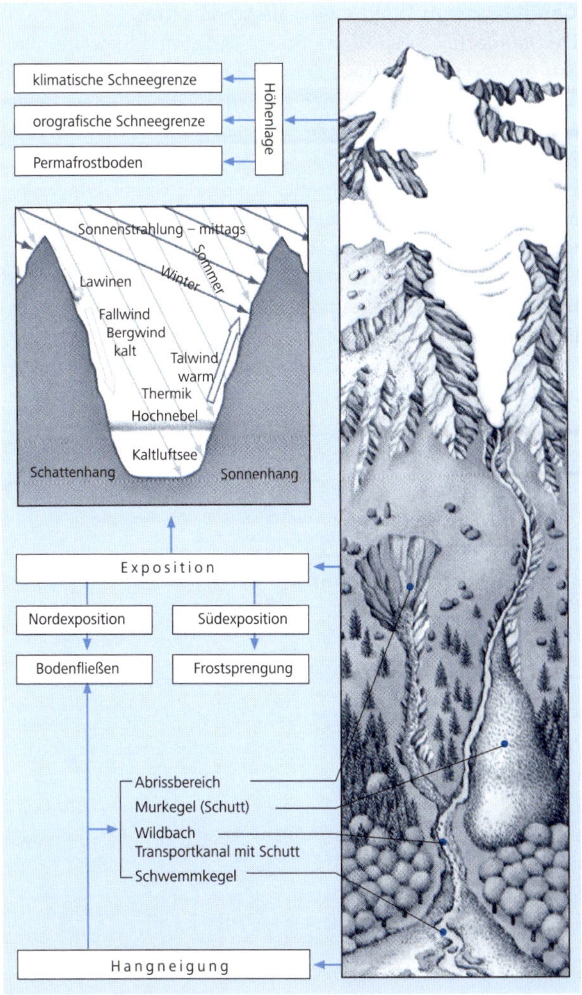

Steuerfunktion des Geofaktors Relief in den Alpen

Geoökosystem Wald – gemäßigte Breiten

Die **Standortfaktoren** Klima, Boden, Relief und Exposition bilden die ökologischen Bedingungen für alle Waldformationen. Sind genügend Wärme, Wasser, Licht und Nährstoffe vorhanden, können sich Baumbestände unterschiedlicher Dichte und Schichtung entwickeln.

Für den Waldtyp **sommergrüner Laubwald** ist die Temperatur ein begrenzender Faktor. Die Bäume werfen im Herbst die Blätter ab und halten eine kälte- und trockenheitsbedingte Winterruhe. Hohe Lichtansprüche stellen Eichen und Birken, während Buchen und Linden als Schattenbaumarten gelten.

Der **boreale Nadelwald** mit Tannen, Fichten, Kiefern und Lärchen wird in seiner Verbreitung durch niedrige Temperaturen und Niederschlagsarmut (100 – 700 mm/J.) charakterisiert. Verbreiteter Bodentyp ist der Podsol mit einer bis zu einem halben Meter starken Rohhumusauflage.

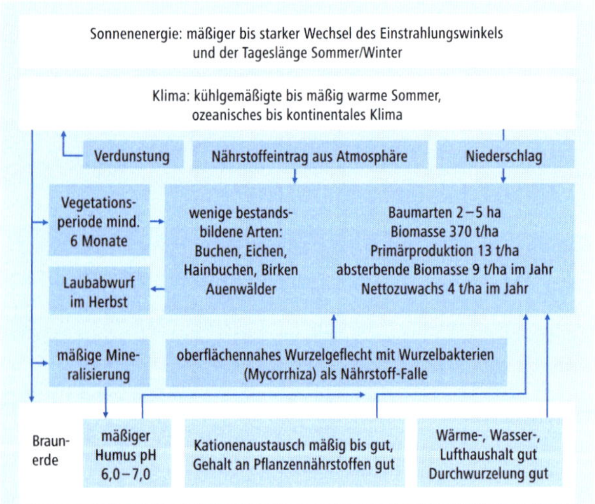

Wirkungsgefüge im Geoökosystem sommergrüner Laubwald

Ein weiteres Merkmal ist der nur im Sommer an der Oberfläche auftauende **Dauerfrostboden**. Die Nadelbäume haben sich den langen kalten Wintern, der frostbedingten Trockenheit und der Dauerschneedecke durch nadelförmige Blätter angepasst. Eine Wachsschicht über der Blattoberhaut verhindert ein Vertrocknen bei gefrorenem Boden.

Ökologische Bedeutung des Waldes. Das Wald-Innenklima (Bestandsklima) wirkt sich bis in 200 m Höhe aus. Da der Wald den Wind abbremst, erhöhen sich Taubildung, Schneeablagerung und geringfügig der Niederschlag. Gleichzeitig sinkt die Verdunstung, sodass die Luftfeuchtigkeit höher ist als in der Umgebung. Zusätzlich reguliert besonders der Laubwald den Wasserhaushalt, indem Niederschläge langsam von den Blättern abtropfen und dem Waldboden zugeführt werden. Sein hohes Porenvolumen durch abgestorbene Pflanzen, Tiergänge und Wurzelreste ermöglicht die Weiterleitung in das Grundwasser.

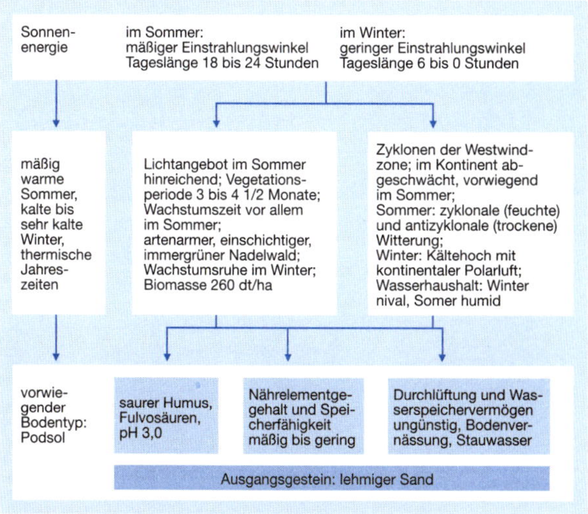

Wirkungsgefüge im Geoökosystem borealer Nadelwald

Folgen der Nutzung der Taiga in Sibirien
Vor dem Eindringen russischer Eroberer im 15. Jahrhundert beschränkte sich die Nutzung auf einfache Waldwirtschaft. Der linien- und zum Teil noch inselhaften Erschließung folgte vor allem in der Sowjetzeit ein bis heute andauernder Raubbau an den Holzressourcen. Der Holzeinschlag von 80 bis 100 Jahren alten Bäumen für die Verwendung als Schnittholz und die Papierindustrie wird nur durch lange Transportwege gebremst.
Das ökologische Gleichgewicht ist labil, die Wurzeltiefe in dem Podsolboden gering. Wird die Vegetationsdecke zerstört, sei es durch Kahlschlag oder durch Schneisen beim Bau von Erdöl- und Erdgasförderanlagen, bilden sich durch Regen und Schmelzwasser Erosionsrinnen und Sumpflandschaften. Auch Waldbrände, die die bis zu einem halben Meter mächtige Streuschicht zerstören, hinterlassen Sumpflandschaften.
Eine geschädigte Vegetationsdecke vermag den Wasserhaushalt nicht mehr zu regulieren und fördert das Bodenfließen, sodass der aufgetaute Boden über dem Dauerfrostboden abrutscht. Es dauert Jahrzehnte, bis sich der Wald regeneriert.

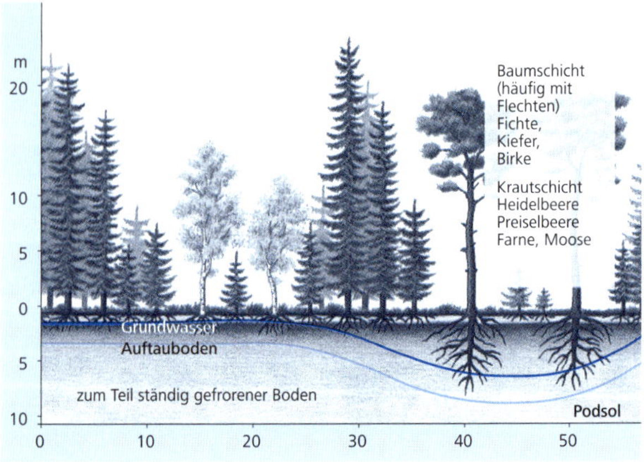

Aufbau des borealen Nadelwaldes

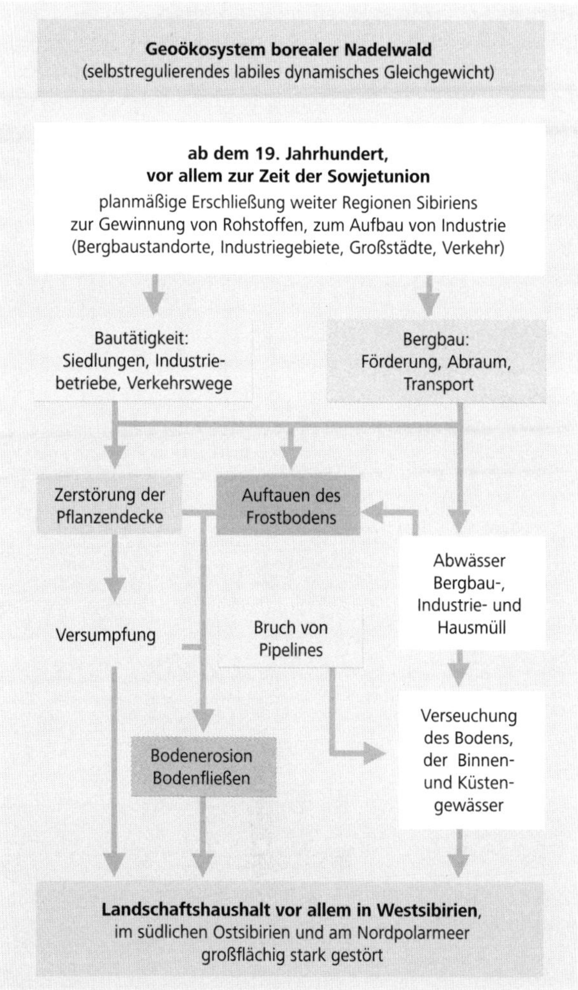

Erschließung in Sibirien: von der Aneignungs- zur Produktionswirtschaft

Subtropen: Wirkungsgefüge und Landnutzung

In den subtropischen Winterregengebieten ist der immergrüne Hartlaubwald mit Lorbeer, Ölbaum, Korkeichen, Pinien und Zypressen verbreitet. Relativ niedrige Wintertemperaturen und auch die sommerliche Trockenheit behindern das Wachstum.

> **hygrische Jahreszeiten:** Wechsel von Trocken- und Regenzeit, nicht Sommer und Winter
> **thermische Jahreszeiten:** durch Sonneneinstrahlung und Wärme geprägte Hauptabschnitte des Jahres

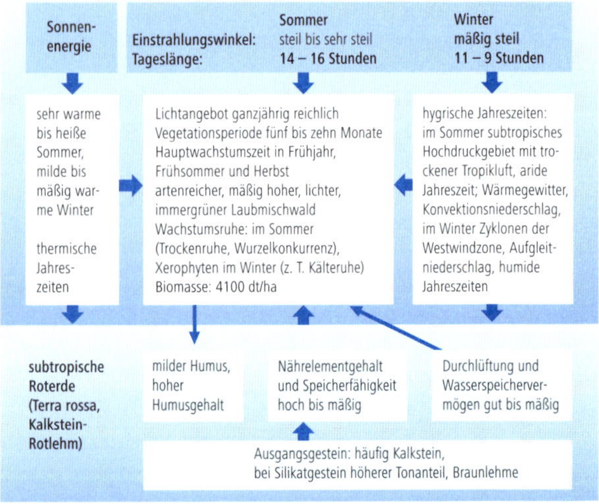

Wirkungsgefüge immergrüner Hartlaubwald

Gegen die starke Verdunstung sind die Blätter durch eine Wachsschicht geschützt, Bäume und Sträucher haben tiefreichende Wurzeln. Kräuter und Gräser verdorren zum Teil im Sommer. **Xerophyten** (griech. *xero* = trocken) überstehen die Trockenheit dank ihrer kleinen und mit lederartiger Oberhaut versehenen

Blätter. **Sukkulenten** (lat. *succulens* = saftig) können – wie z. B. Kakteen – Wasser im Gewebe speichern.
In den semiariden Subtropen sind **Steppen** verbreitet, die sich aus Graslandschaften und Strauchformationen zusammensetzen. Wichtigstes ökologisches Merkmal ist die spätsommerliche Trockenzeit. Die Zahl der **ariden Monate** beträgt in der Waldsteppe 4 – 7, in der Kurzgrassteppe 7 – 10. Im thermisch-hygrischen Jahresverlauf lassen sich drei ökologische Jahreszeiten unterscheiden: a) Niederschläge im Winter mit anschließender Schneeschmelze, b) Wachstumszeit mit guter Wasserversorgung, c) trocken-warme Jahreszeit mit eingeschränkter oder ganz eingestellter Wachstumsaktivität wegen Wassermangels.
Die **Steppenböden** sind meist tiefgründig und nährstoffreich. Trotz des vielen Sonnenlichts und subtropischer Temperaturverhältnisse ist Wasser bei der agrarischen Nutzung ein begrenzender Faktor, dem mit Bewässerungsanlagen begegnet wird.
Zu den beeindruckendsten Beispielen gehören die Bewässerungssysteme im kalifornischen Längstal. Da das Überschusswasser aus der humiden Jahreszeit nicht ausreichte, wurde schon frühzeitig das Grundwasserreservoir in Anspruch genommen. Als ökologisch bedenklich wird inzwischen die enorme Wasserentnahme, man spricht bereits von Raubbau, angesehen. Durch den ständig weiter sinkenden Grundwasserspiegel, im Durchschnitt 15 cm pro Jahr, ist der Bodenwasserhaushalt aus dem Gleichgewicht geraten.

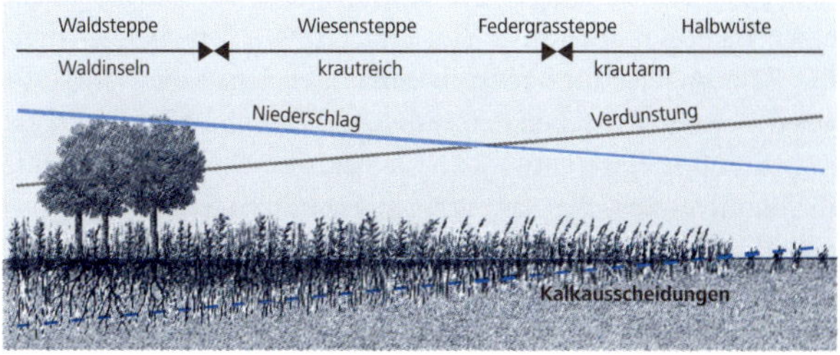

Ökologische Differenzierung der Steppe

Geoökosystem tropischer Regenwald

Das **Verbreitungsgebiet** des immergrünen tropischen Regenwaldes beschränkt sich auf Regionen mit gleichbleibend hoher Temperatur und hoher Feuchtigkeit. Rd. 75 % der Niederschläge verdunsten und führen zu neuen Niederschlägen. Licht ist der entscheidende Wachstumsfaktor, aber nur 1 % des Sonnenlichts erreicht den Boden.

Das **warm-feuchte Klima** hat zu einer der üppigsten Vegetationsformen der Erde mit dem charakteristischen Stockwerkbau geführt. Die Produktivität an pflanzlicher Biomasse ist erheblich höher als die des sommergrünen Laubwaldes der gemäßigten Breiten, während tierische Biomasse nur eine untergeordnete Rolle spielt. Wärme und Feuchtigkeit beschleunigen die schnelle Mineralisierung, d. h. den Abbau der organischen Substanz.

> **Epiphyten** („Aufsitzerpflanzen"): entnehmen Nährstoffe und Feuchtigkeit aus der Luft, nicht von der Wirtspflanze
> **Lianen** (Kletterpflanzen): wurzeln im Boden, ranken an Trägerpflanzen hoch, versorgen sich durch Luft- u. Bodenwurzeln

Der **Boden**, meist *tropische Roterde*, weist nur einen kleinen Restmineralgehalt auf und verfügt über eine geringe Kationenaustauschkapazität. Deshalb hat sich eine besondere Form von **Nährstoffkreislauf** gebildet. Ein Teil der Nährstoffe wird durch den Regen dem Kronendach der Bäume entnommen und gelangt auf den Boden. Wichtigste Nährstoffquelle ist der ständige Laubabwurf. Die Baumwurzeln, die sich zu 70 % in den obersten dreißig Zentimetern des Bodens befinden, beziehen die Nährstoffe aus der Spreu. Zwischen den Wurzeln, Pilzen und Bakterien hat sich eine Symbiose entwickelt, die *Mycorrhiza*, mit deren Hilfe die Baumwurzeln die Nährstoffe aus der Streu aufnehmen können. Tiefer reichende Wurzeln erreichen nur einen mehr oder minder sterilen Untergrund. Auch *Brettwurzeln*, zur Erhöhung der Standfestigkeit, dringen mit der Hauptwurzelmasse nicht weiter als 30 cm in den Boden.

Ökologische Folgen der Zerstörung

Brandrodung, Rodungen für landwirtschaftliche Großbetriebe, Rinderweide- und Plantagenwirtschaft:

- erhöhter Oberflächenabfluss ▹ gestörter Wasserhaushalt ▹ beschränktes Pflanzenwachstum ▹ Invasion von Xerophyten
- Sonneneinstrahlung direkt auf dem Boden ▹ Anstieg der Temperatur ▹ intensivere Mineralisierung ▹ Austrocknung des A-Horizontes ▹ Abnahme der Bodenfruchtbarkeit
- weniger abgestorbene Biomasse ▹ Zerstörung der Nährstofffallen (Mycorrhiza) ▹ geringere Nährstoffkapazität ▹ Nährstoffverluste durch Sickerlaugung ▹ Abnahme der Bodenfruchtbarkeit

Kahlschläge zur Holzgewinnung, Rodungen für Bergbau-, Gewerbe-, Verkehrs- und Siedlungsflächen:

- Starkregen direkt auf den Boden ▹ Verschlämmung des A-Horizontes, Bodenverlust durch Rinnenbildung und flächenhafte Abspülung (Denudation) ▹ Verringerung der Wasserspeicherkapazität ▹ Abnahme der Bodenfruchtbarkeit ▹ Degradation

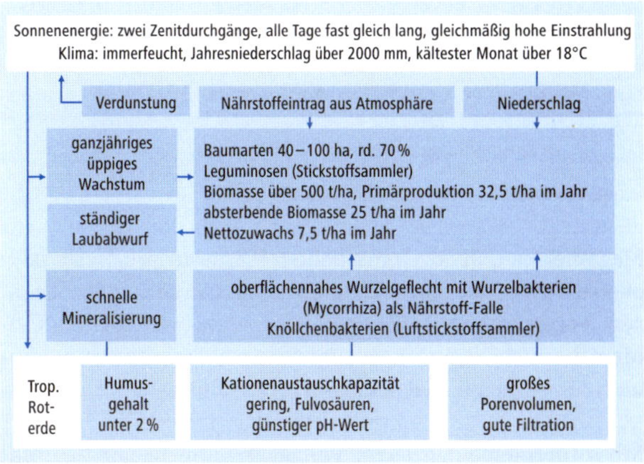

Wirkungsgefüge im tropischen Regenwald

Vegetationszonen

Analog den Klimazonen sind die Vegetationszonen in etwa breitenparallel angeordnet, azonale Formationen treten in Gebirgen auf. Die natürliche Vegetation gibt aber nur die Pflanzengesellschaften an, die ohne menschlichen Einfluss vorherrschen würden.

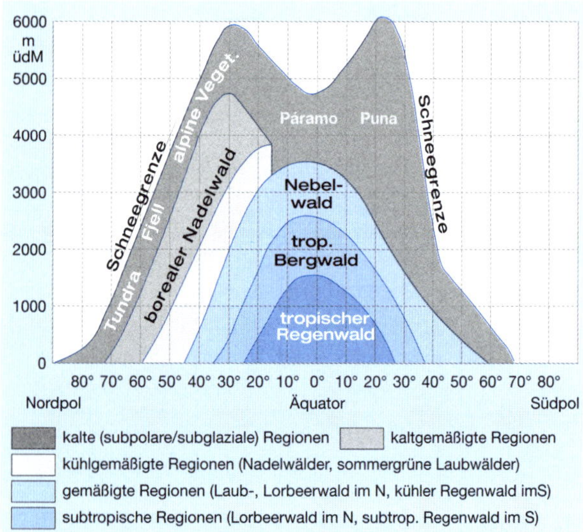

Vegetationsprofil vom Nordpol zum Südpol

Megathermen: Pflanzen mit hohem Wärmeanspruch, Urwaldpflanzen und Laub abwerfende Gräser und Sträucher der Savannen, Vorkommen bei Jahresmitteltemperatur von über 20 °C
Mesothermen: Pflanzen mit mittlerem Wärmebedürfnis, immergrüne Buschpflanzen, Zitrusfrüchte, Oliven, Reis, Baumwolle, Vorkommen bei Jahresmitteltemperatur von 15-20 °C
Mikrothermen: Pflanzen mit geringem Wärmebedarf, Laub abwerfende Bäume, Nadelhölzer, Heide- und Steppenpflanzen

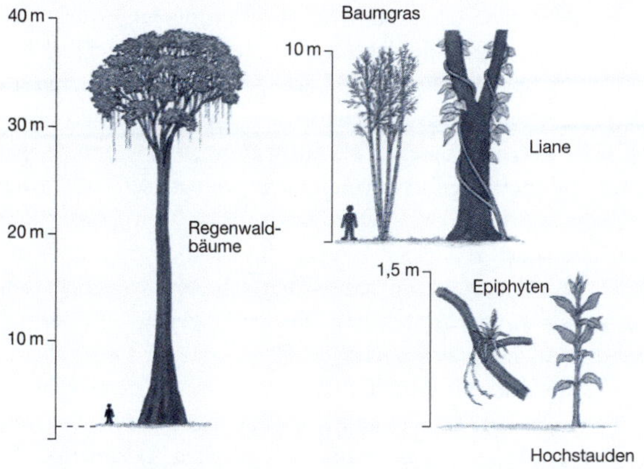

Megathermen: Pflanzen mit hohem Wärmeanspruch, vertragen keinen Frost; im Tropenklima immergrün, ganzjährig wachsend

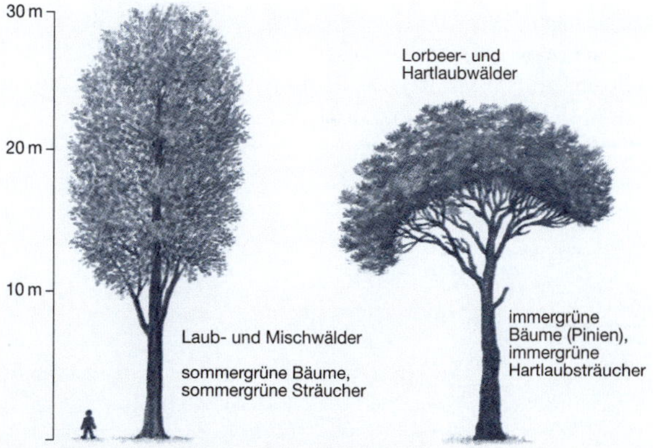

Mesothermen: sommergrüne Pflanzen, frostempfindlich; Unterbrechung der Vegetationsperiode durch Winter und Trockenheit;
Verbreitung: Subtropen, kühlgemäßigte Klimate der Mittelbreiten

Geoökosystem Meer

An der Meeresoberfläche bildet sich im Sommer eine Warmwasserschicht. Unterhalb der Deckschicht sinkt die Temperatur. Die thermische Sprungschicht wirkt als Sperrschicht für den vertikalen Wasseraustausch zwischen warmem Oberflächenwasser und kaltem Tiefenwasser. Im Polarmeer entsteht wegen der geringen sommerlichen Erwärmung keine Sprungschicht. Durch den Wasseraustausch wird der Nährsalzgehalt beeinflusst. Kaltes Auftriebswasser, z. B. des Benguela-, Kanaren-, Perustroms, befördert nach dem Abströmen des Oberflächenwassers sauerstoffarmes, jedoch an Nitraten und Phospaten reiches Wasser aus tieferen Schichten nach oben.

Die Ozeane sind mit 250 000 Pflanzen- und Tierarten das größte Ökosystem der Erde. In der bis 200 m tiefen lichtreichen Zone ist die Produktion von Biomasse am höchsten. Das pflanzliche Plankton, **Phytoplankton**, das mithilfe von Sonnenlicht im Meerwasser gelöstes CO_2 und anorganische Nährsalze in organische Verbindungen umwandelt, bildet den Anfang der Nahrungskette. Das **Zooplankton** (tierisches Plankton, Kleinkrebse, Friedfische, Raubfische) verzehrt 70 % des Phytoplanktons. 30 % der Biomasse sinken ab und dienen Detritusfressern (*detritus* = Schweb- und Sinkstoffe) als Nahrung. Unverwertete organische Nährstoffe werden remineralisiert oder sedimentiert.

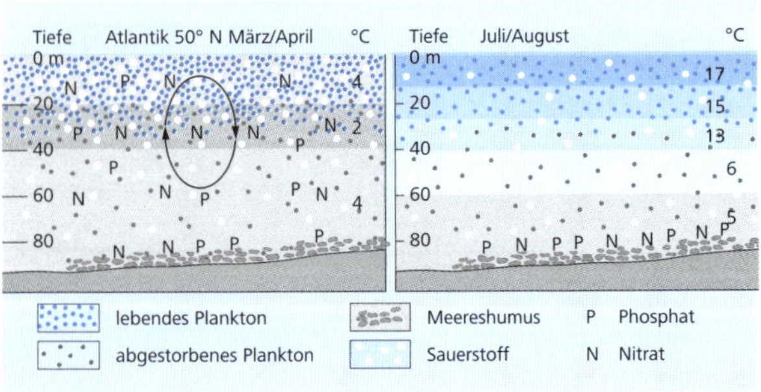

Nährstoffhaushalt in ausgewählten Monaten

Das Meer als CO_2-Senke

Die Gefährdung des Ökosystems erfolgt nicht nur durch Überfischung, Direkteintrag von Schadstoffen, Ölunfälle und radioaktiven Abfall. Zusätzlich erhöhen Treibhausgase, insbesondere das Kohlendioxid, von dem jeder Mensch durch Verbrennen fossiler Energieträger täglich rd. 11 kg produziert, das Gefährdungspotenzial. Etwa 4 kg des in die Atmosphäre abgegebenen CO_2 nimmt das Meer auf. Damit verringert sich zwar der Treibhauseffekt, aber zugleich reagiert Kohlendioxid mit Wasser. Die dabei entstehende Kohlensäure fördert die Versauerung der oberen Wasserschichten und löst die Kalkschalen vieler Meeresbewohner auf. Dadurch wird der Nahrungskreislauf empfindlich gestört.

In einem ungestörten System reichern Mikroorganismen wie Kalkalgen, aber auch Schnecken, Muscheln und Korallen Kalk an. Nach ihrem Absterben und Absinken auf den Meeresboden bilden sich mächtige Kalksedimente. Wird der im Kalkstein festgelegte Kohlenstoff jedoch freigesetzt, vollzieht sich der gleiche Vorgang wie bei der Atmung: Die Kohlenstoffatome oxidieren zu Kohlendioxid und Wasser.

Der Nachteil durch den Rückgang der Kalkbildung wird durch die erhöhte Kapazität des Meeres bei der CO_2-Aufnahme kompensiert, denn bei der Kalkbildung wird Kohlendioxid freigesetzt. Die zusätzliche Speicherkapazität reicht aber nicht aus, den Treibhauseffekt merklich zu mildern.

Die Phytoplankton-Produktion ist zu zwei Dritteln an der jährlichen CO_2-Festlegung beteiligt. Sie wirkt als biologische Kohlenstoffpumpe. Durch vermehrtes Algenwachstum, u. a. bedingt durch Stickstoffeintrag aus der Luft oder bewusste künstliche Düngung, wird folglich mehr Kohlendioxid ins Meer gepumpt. Die Auswirkungen einer großflächigen Meeresdüngung für das Ökosystem sind noch nicht bekannt.

Eine andere Variante besteht darin, das bei der Industrieproduktion anfallende CO_2 zu verflüssigen und in tiefliegenden Gesteinsschichten am Meeresboden zu „versenken“.

Geoökosystem Wattenmeer

Das **Wattenmeer** ist eine flache, dem Einfluss der Gezeiten ausgesetzte Schwemmlandküste. Die mittlere Breite in der Nordsee beträgt 7 – 10 km, die Fläche etwa 8000 km², wovon mehr als die Hälfte dem *Eulitoral* zugerechnet wird. Der **Wattboden** besteht aus den Sedimenten Sand, Schluff und Ton sowie organischer Substanz. Daraus ergibt sich die Gliederung in *Sand-*, *Misch-* und *Schlickwatt*. Die graublaue bis schwarze Färbung des mit einem hohen Tongehalt, viel organischer Substanz und Kalk angereicherten Schlicks geht auf die Eisen-, Mangan- und Magnesiumoxide zurück.

Der Seegang verursacht eine **ständige Umlagerung** der Sedimente und Trübung des Wassers. Frei schwebendes Plankton benötigt zur Ablagerung Ruhephasen. Schlickwatt findet sich deshalb besonders in strömungsgeschützten Buchten und auf der Rückseite von Inseln.

Durch den Wechsel von **Ebbe und Flut** sind die Wattflächen großen Temperaturunterschieden ausgesetzt, die bis zu 40 °C betragen können. Der Salzgehalt erhöht sich bei Ebbe und starker Sonneneinstrahlung, er sinkt bei Regenfällen und führt zur Aussüßung. Nährsalze sind dank der Mineralisierung abgestorbener organischer Substanz mehr als genug vorhanden. Während die Sauerstoffversorgung im freien Wasser gut ist, nimmt sie im Schlickwatt stark ab.

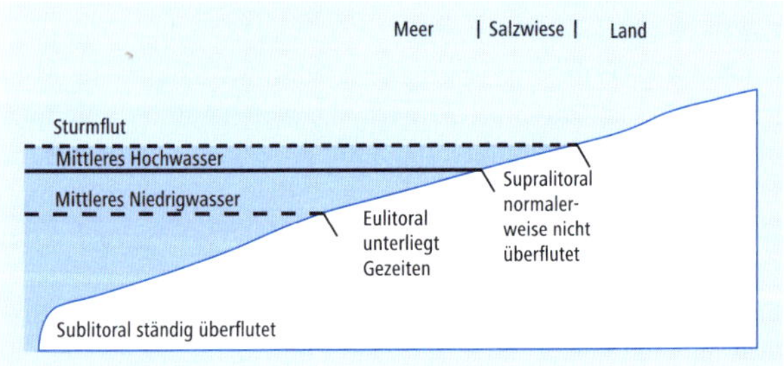

Zonierung des Wattenmeeres

Trotz der extremen Lebensbedingungen ist das Watt das produktivste Ökosystem der Welt mit einer relativ geringen Arten-, aber hohen Individuenzahl und einer entsprechend hohen **Biomasse**. So leben z. B. in einem Quadratmeter Wattfläche bis zu 20 000 Schlickkrebse.

Würmer, Muscheln und Krebse bilden die Nahrungsgrundlage für Jungfische. Standorttreue Vögel und Zugvögel nutzen die Wattflächen als Rastplatz und für die Nahrungssuche.

Ein durch den **Klimawandel** verursachter Meeresspiegelanstieg trifft auch das Ökosystem Wattenmeer empfindlich. Die Bildung von Schlickwatt folgte über Jahrtausende dem langsamen Meeresspiegelanstieg, heute lagern sich mehr grobkörnige Sandflächen ab. Plankton als Nahrungsgrundlage insbesondere für Muscheln hat durch die Erwärmung bereits heute eine um einen Monat verlängerte Produktionszeit. Folge: eingeführte pazifische Austern überwachsen heimische Muschelbänke.

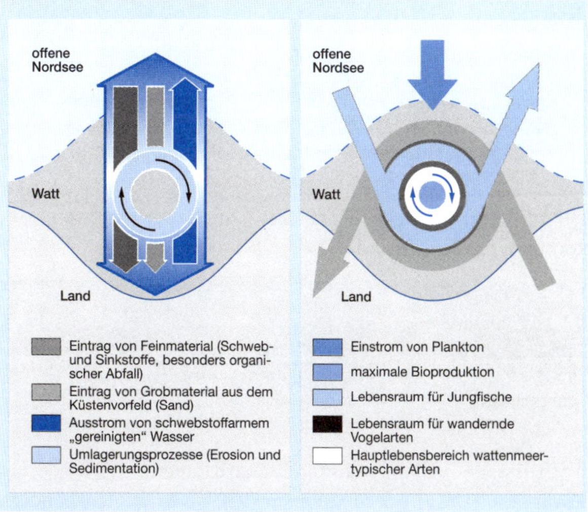

Wirkungsgefüge des Watts

2 Disparitäten und Verflechtungen

2.1 Sozioökonomischer Entwicklungsstand

Indikatoren zur Messung von Entwicklungsunterschieden

Zur **Kennzeichnung** eines Landes bzw. zum Ländervergleich verwendet die Weltbank das **Bruttoinlandsprodukt** (BIP) pro Einwohner, ausgedrückt in **Kaufkraftparität**.

Bruttoinlandsprodukt (BIP), engl. GNI (gross national income) oder GNP (gross national product): Summe aller Güter und Dienstleistungen der Volkswirtschaft eines Staates
Kaufkraftparität (KKP), auch PPP-$ (engl. purchase power parity): internationale Kaufkraft der Währung eines Landes, berücksichtigt lokale Kaufkraft im Verhältnis zum US-Dollar

Die Weltbank untergliedert die Länder nach der Kaufkraft (Einkommen pro Kopf Stand 2009):

unteres Einkommen	mittleres Einkommen (niedrig)	mittleres Einkommen (hoch)	hohes Einkommen
995 $ oder weniger	996–3 945 $	3 946–12 195 $	12 196 $ oder mehr

Nach dieser Einteilung gehörten 2009 z. B. Liberia (290 US-$), der Kongo (300 US-$) oder Äthiopien (930 US-$) zu den Ländern mit niedrigem Einkommen. In die zweite Kategorie reihten sich

Sudan (2 000 $), Mauretanien (1 960 $) und Honduras (3 730 $) ein. Länder mit mittlerem hohen Einkommen waren Sri Lanka (4 720 $), Ägypten (5 690 $) und die Ukraine (6 190 $). Die westlichen Industrieländer, aber auch Saudi-Arabien (23 300 $) und Kuwait (51 200 $) zählten zu den Ländern mit hohem Einkommen und einer durchschnittlichen Kaufkraft von 40 774 $).
In dem von der UN jährlich veröffentlichten „Bericht über die menschliche Entwicklung“ (UNDP: *Human Development Report*) werden neben dem Einkommen auch die Lebenserwartung, der Grad des Schulbesuchs sowie die Alphabetisierung berücksichtigt. Aus den Teilindikatoren setzt sich der **Human Development Index** (HDI) zusammen. Der HDI-Wert reicht von 0 bis 1.

Aus den Werten lassen sich drei **Ländergruppen** ableiten:

- Länder mit hoher menschlicher Entwicklung: über 0,8
- Länder mit mittlerer menschlicher Entwicklung: 0,8 – 0,5
- Länder mit geringer menschlicher Entwicklung: unter 0,5.

In der Rangfolge nimmt Norwegen seit Jahren den ersten Platz ein (0,938). Zu den Ländern mit dem niedrigsten HDI-Wert gehörten 2010 Niger (0,261) und Sierra Leone (0,360). Deutschland erreichte 2010 nur den 10. Rang (0,915).
Der HDI-Wert allein reicht für die Entwicklungsbeschreibung nicht aus und führt möglicherweise zu falschen Schlussfolgerungen. Deshalb wurde ergänzend der **Gender-related Development Index** (GDI) entwickelt, der geschlechtsspezifische Entwicklungen beinhaltet. Der Index errechnet sich

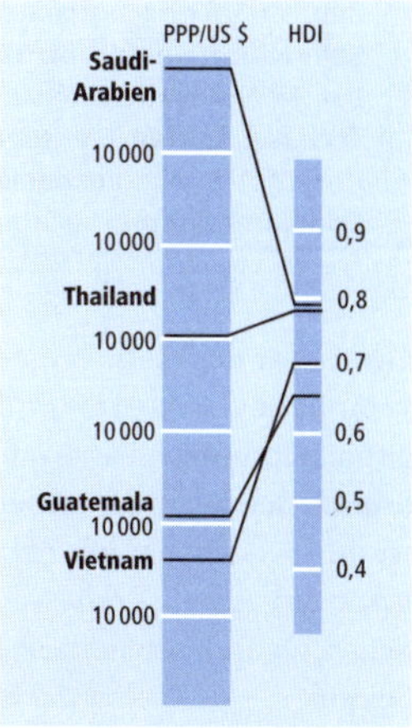

Unterschiedliches Einkommen, ähnlicher HDI

aus Lebenserwartung, Alphabetenrate bei Erwachsenen sowie angemessenem Lebensstandard und wird wie der HDI mit Werten von 0 bis 1 beziffert. Er sagt jedoch nichts über geschlechtsspezifische Unterschiede aus. Hierfür wird der **Gender Empowerment Measure** (GEM) verwendet. Der GEM bewertet politische und wirtschaftliche Teilhabe sowie Anteile an gehobenen Führungspositionen und Facharbeitern. Er berücksichtigt auch die Höhe der wirtschaftlichen Sicherheit.

Wirtschaftssektoren und sektoraler Wandel

Der französische Wirtschaftswissenschaftler Jean Fourastié stellte 1954 die *Sektor-Theorie* auf, nach der wirtschaftliches Wachstum eine Verlagerung der Wirtschaftstätigkeit vom primären über den sekundären zum tertiären Sektor nach sich zieht. Am Ende sind im tertiären Sektor die meisten Erwerbstätigen beschäftigt.

Primärer Sektor: Landwirtschaft, Forstwirtschaft, Fischerei und Bergbau (ohne Verarbeitung)
Sekundärer Sektor: be- und verarbeitende Wirtschaft (Industrie, Handwerk, Baugewerbe)
Tertiärer Sektor: Dienstleistungen (Handel, Banken, Versicherungen, Verkehr, Verwaltung, Gastronomie)
Quartärer Sektor: hochrangige Dienstleistungen (Management, Forschung, Informationsvermittlung)

Grund für den zeitlich nicht befristeten **Strukturwandel** ist ein verändertes Einkommensniveau, das zu einer erhöhten Nachfrage nach Industriegütern und Dienstleistungen führt. Theoretisch erhöht sich auch die Arbeitsproduktivität im primären Sektor, wodurch dort weniger Arbeitskräfte benötigt werden. Die freigesetzten Arbeitskräfte wandern zunächst in den sekundären Sektor ab und, sobald kein Bedarf mehr besteht, in den tertiären Sektor.
Am Beispiel der **Industrieländer** lässt sich der Anteil des tertiären Sektors an der **Bruttowertschöpfung** (= Gesamtwert von

Waren und Dienstleistungen abzüglich der bei der Produktion verbrauchten, verarbeiteten oder umgewandelten Waren und Dienstleistungen) und an der Zahl der Beschäftigen im Dienstleistungssektor genau verfolgen. So arbeiteten in Deutschland um 1800 erst 12 % aller Erwerbstätigen im tertiären Sektor, im Jahr 2009 waren es bereits 72,9 %.

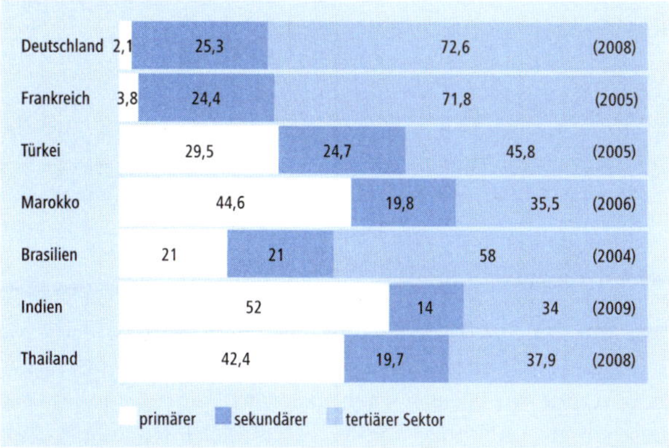

Erwerbstätige nach Wirtschaftsbereichen in %

Die industrielle Revolution und die nachfolgende Industrialisierung führte bis 1970 zu einem Ansteigen der Beschäftigtenzahl im sekundären Sektor. Danach setzte das Informationszeitalter mit einer verstärkten Tertiärisierung ein.

In den **Entwicklungsländern** hat der Übergang vom Agrar- zum Industrie- bzw. Informationszeitalter noch nicht begonnen oder befindet sich in der Anfangsphase. In einigen Entwicklungsländern, wie z. B. in der Zentralafrikanischen Republik oder dem Tschad, trägt die Landwirtschaft noch mit einem Anteil von über 60 % zur Bruttowertschöpfung des Landes bei.

Ein hoher Anteil des tertiären Sektors weist nicht immer auf eine hochentwickelte Wirtschaft hin, sondern häufig auf eine aufgeblähte Bürokratie oder Schwächen im sekundären Sektor.

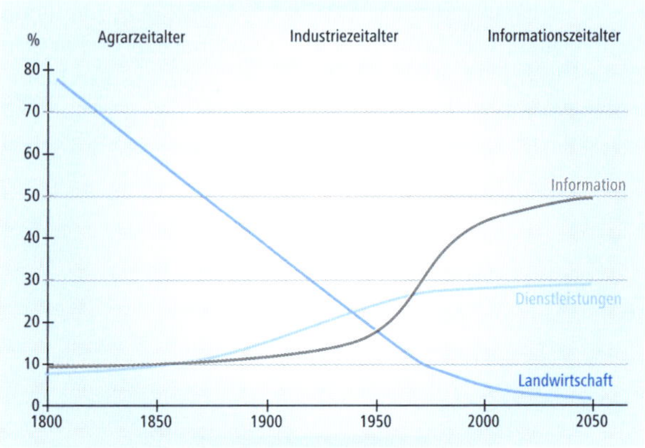

Beschäftigungsentwicklung in den hochentwickelten Ländern

Informeller Sektor in Entwicklungsländern

In den Entwicklungsländern vollzieht sich ein ähnlicher sektoraler Wandel wie in den hochentwickelten Ländern. Die Zahl der Beschäftigen im primären Sektor geht stark zurück, während im sekundären Sektor ein langsames Ansteigen zu beobachten ist. Zwar gewinnen tertiärer und quartärer Sektor zunehmend an Bedeutung, aber parallel dazu entwickelt sich im Gegensatz zu den Industrieländern ein sehr stark ausgeprägter informeller Sektor. Er wird auch als alternativer Beschäftigungssektor oder Schattenwirtschaft bezeichnet. Dabei handelt es sich um Aktivitäten, die nicht vom Staat kontrolliert werden, d. h., es werden keine Steuern bezahlt und gesetzliche Vorschriften finden keine Anwendung. In den Industrieländern nimmt die Schattenwirtschaft ebenfalls zu, was als Folge der Globalisierung gedeutet wird.

Hauptbetätigungsfelder sind Handel und Dienstleistungen, in den Entwicklungsländern auch kleine, arbeitsintensive Handwerks- und Reparaturbetriebe. Zu den in den Städten typischen Tätigkeiten gehören z. B. Straßenhandel und Schuhputzen.

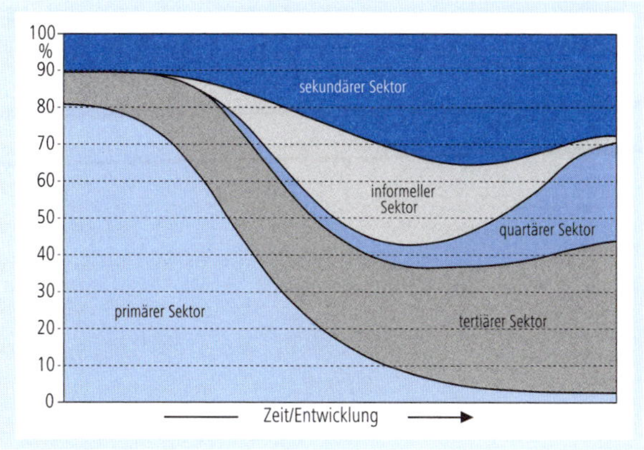

Sektoraler Wandel in Entwicklungsländern

Die Kleinstunternehmen, selten mit mehr als zehn Beschäftigten, verfügen nur über ein geringes oder kein Investitionskapital. Für die Beschäftigung sind nur geringe Vorkenntnisse nötig, deshalb ist die Entlohnung gering und eine soziale Absicherung fehlt. Der Anteil von Frauen und Kindern im informellen Sektor liegt extrem hoch. Da in vielen Entwicklungsländern hohe Arbeitslosigkeit herrscht, sind im informellen Sektor z. T. mehr als 50 % der arbeitenden Bevölkerung beschäftigt. Ein hoher Anteil des informellen Sektors an den Wirtschaftsbereichen ist somit Ausdruck der Unterbeschäftigung. Wer in der Schattenwirtschaft beschäftigt ist, bleibt auch weiterhin arm, zumal keine nachhaltigen Arbeitsplätze geschaffen werden.
Die ursprüngliche Vorstellung, dass sich im Verlauf einer nachholenden industriellen Entwicklung das Problem von selbst lösen würde, hat sich nicht bestätigt; im Gegenteil: in den meisten Entwicklungsländern ist der Anteil der im informellen Sektor Beschäftigten weiter gestiegen.
Die Internationale Arbeitsorganisation ILO (International Labour Organization, Sitz: Genf) fordert deshalb eine Regelung der

Arbeitszeiten, Sicherung des Existenzminimums und Vorsorge gegen Krankheiten. Es gibt zwar bereits Verbesserungsversuche wie Vergabe von Krediten oder Weiterbildungskurse für Kleinunternehmer, aber in der Summe bleibt der informelle Sektor ein Merkmal von Überlebenswirtschaft.

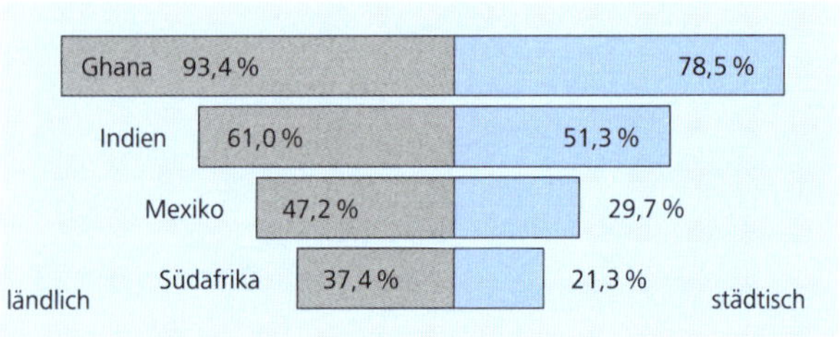

Informeller Sektor im ländlichen und städtischen Bereich

Demographischer Wandel

Geburten- und Sterberate, Lebenserwartung sowie Zu- und Abwanderungen sind die bestimmenden Faktoren für die Bevölkerungsentwicklung eines Landes. Da diese Faktoren sich laufend verändern, wandelt sich auch die Bevölkerungszusammensetzung. Die demographischen Veränderungen werden in einem **4-Phasen-Modell** dargestellt, das allerdings keine Gesetzmäßigkeit aufweist.

Geburtenrate: Messziffer für die menschliche Fruchtbarkeit, bezieht sich auf Lebendgeborene innerhalb einer bestimmten Zeit
Sterberate: Messziffer für Mortalität als Teilprozess der natürlichen Bevölkerungsbewegung
Fertilitätsrate: Fruchtbarkeitsrate, Zahl der Geburten pro Frau

Die **1. Phase** kennzeichnet eine Agrarbevölkerung mit hoher Geburten- und Sterberate. Wegen Seuchen, Hungersnöten und Kriegen ist die Lebenserwartung niedrig. Die Bevölkerung wächst kaum oder nur gering.

In der **2. Phase**, der sog. *frühen Wachstumsphase*, weist die frühindustrielle Bevölkerung bei gleichbleibender Geburtenrate (rd. 34 ‰) eine sinkende Sterberate auf.

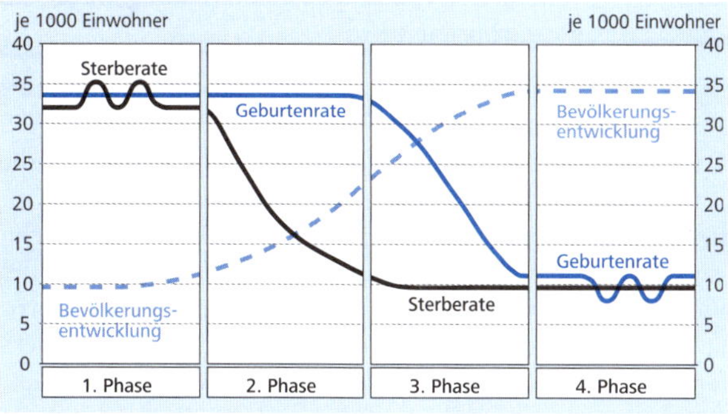

Modell des demographischen Übergangs

Dank besserer Ernährung und medizinischen Fortschritten nimmt die Bevölkerungszahl zu, die Bevölkerungsschere beginnt sich zu öffnen.

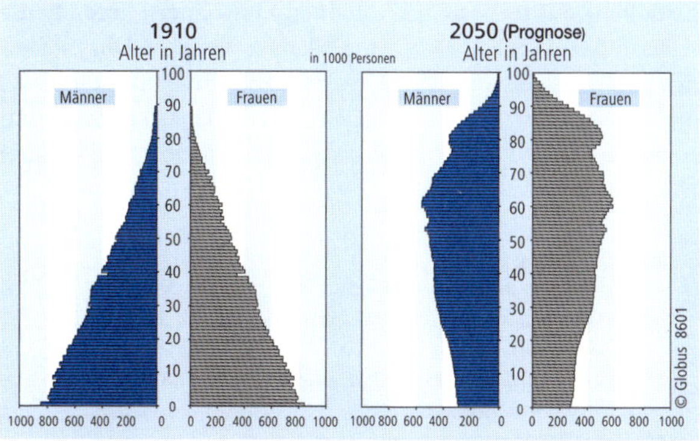

Bevölkerungspyramiden für Deutschland; links 1910 Pyramidenform, rechts 2050 (Prognose), Urnenform: schrumpfende Bevölkerung

In der **3. Phase**, der *Übergangsperiode* bzw. *späten Wachstumsphase*, ändert sich das regenerative Verhalten. Altersvorsorge erfolgt nicht mehr allein durch Kinder, ein verändertes Konsum- und Freizeitverhalten sowie Empfängnisverhütung tragen zu einer geringeren Geburtenrate bei.

Die **4. Phase**, *Spättransformationsphase* bzw. *späte stationäre Phase*, zeigt eine sehr niedrige Geburten- und Sterberate (10 ‰). Das Bevölkerungswachstum ist gering oder nimmt sogar ab, die Altersstruktur führt zu einem Ungleichgewicht.
Industrialisierung, Verstädterung und staatliche Maßnahmen wie z. B. in Indien und China, aber auch eine Verbesserung des Bildungsstandes von Frauen und Mädchen verringern die Fertilitätsrate. Andererseits sind die Wachstumsraten in Entwicklungsländern noch hoch, da die Sterberate wegen der verbesserten hygienischen Verhältnisse sehr schnell sinkt.

Verstädterung und Metropolisierung

In den Industrieländern setzte der Verstädterungsprozess bereits im 19. Jahrhundert ein, in den Entwicklungsländern erst nach dem Zweiten Weltkrieg. Von den zehn größten Städten (Megastädten) mit mehr als 12 Millionen Einwohnern liegen heute sechs in Asien (Tokio, Mumbai, Kolkata, Schanghai, Dhaka, Delhi), zwei in Lateinamerika (Mexiko-Stadt, São Paulo) und zwei in den USA (New York, Los Angeles). In Südamerika, Asien und Afrika wuchs die Stadtbevölkerung innerhalb von zwei bis drei Dekaden um das Zehnfache.

Urbanisierung (Verstädterung)
a) Zunahme der Stadtbevölkerung im Laufe der Zeit
b) Verstädterungsquote = Anteil der Stadtbevölkerung an der Gesamtbevölkerung
c) Veränderung der Gesellschaft durch Übernahme von städtischen Verhaltensweisen

Metropolisierung: überdurchschnittlicher Bevölkerungs- und Bedeutungszuwachs der größten Stadt eines Landes

Grund ist die **Landflucht** mit schon fast explosionsartigen Migrationen, da die stark wachsende Landbevölkerung kaum noch eine gesicherte Existenzgrundlage hat. Die **Push-Faktoren** (naturgeographische, agrarstrukturelle und agrarsoziale, ökologische, demographische und infrastrukturelle) führen im Endeffekt zu einer Auslaugung des Hinterlandes.

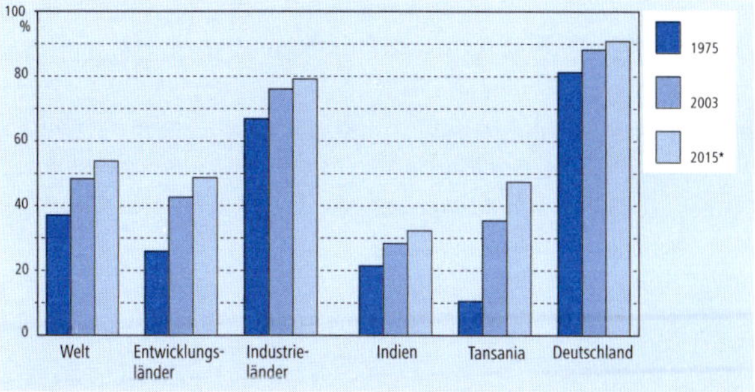

Städtische Bevölkerung im Laufe der Zeit; *Prognose

Die **Pull-Faktoren** ergeben sich aus den vermeintlichen Erwartungen der Zuwanderer an einen sozialen Aufstieg, überfordern aber die Wirtschaftskraft der Städte, die oft genug an den Rand ihrer Kapazität geraten. Die Zuwanderer geraten nicht selten in eine Existenzfalle, sind entwurzelt, ärztlich, sozial und infrastrukturell unterversorgt und verstärken noch das Ungleichgewicht. Trotzdem findet kaum eine Rückwanderung in die ländlichen Gebiete statt.

Kennzeichnend für den Graben zwischen reicher und armer Bevölkerung sind die Wohngebiete, die verschiedene randstädtische Wohnviertel, aber auch umzäunte und bewachte Wohnanlagen der Wohlhabenden, sog. *gated communities*, umfassen.

In den Industrieländern werden Metropolen und Megastädte als Motoren der Landesentwicklung und als Kommandozentralen der Weltwirtschaft betrachtet. Sie rücken in den Rang der **Global Cities** auf.

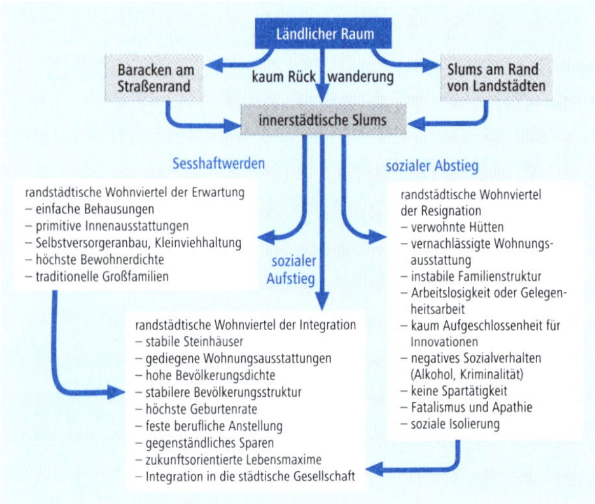

Modell der Land-Stadt-Wanderung

Marginalsiedlungen

Der Begriff **Slum** wird in den Kulturräumen unterschiedlich definiert. In den Industrieländern handelt es sich meist um öffentlich oder privat vernachlässigte Wohngebiete in ungünstigen Lagen, häufig in der Nähe von Umwelt belastenden Industrien. Teils sind auch Innenstädte betroffen. Die Einwohner gehören größtenteils der Unterschicht an.

> **Slum**: umgangssprachlich für Elends- oder Armenviertel, in Industrieländern heruntergekommenes Stadtviertel; Brasilien: **Favela**, engl. **squatter settlement**, **shanty town**, frz. **Bidonville**, Lateinamerika: **Barriada**, Türkei: **Gecekondu**

In Entwicklungsländern ist der Grund für die Entstehung von Slums die **Landflucht**. Die Zuwanderer siedeln sich in der Peripherie der Agglomerationsräume an und leben in schnell errichteten Hüttensiedlungen, anfangs noch ohne jegliche Infrastruktureinrichtungen wie Straßen-, Strom- oder Wasseranschluss. Diese Spontansiedlungen sind zwar illegal, werden aber mittlerweile immer häufiger nachträglich legalisiert. Im ungünstigsten Fall rücken Bulldozer an und zerstören die Hütten. Mit staatlicher Unterstützung oder in Eigenregie werden Strom- und Wasserleitungen und Kanalisationsrohre verlegt. Problematisch ist, dass viele Slumgebiete durch Überschwemmungen, Schlammlawinen oder Wirbelstürme bedroht sind.

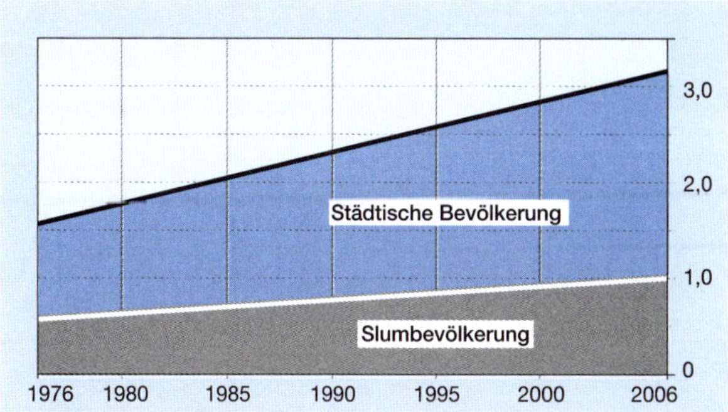

Wachstum von städtischer und Slumbevölkerung

Die **Bewohner** arbeiten überwiegend im informellen Sektor mit geringen Verdienstmöglichkeiten. Ihre Wohngebiete werden daher auch als informelle Siedlungen bezeichnet.
Nach UN-Habitat handelt es sich um einen Slumhaushalt, wenn mehr als drei Menschen in einem Raum leben müssen, die Unterkunft nicht gegen Witterungseinflüsse geschützt ist, kein Zugang zu sauberem Trinkwasser und zu einer Toilette besteht und eine Zwangsräumung jederzeit möglich ist.

Weltweit belief sich 1990 die **Zahl der Slumbewohner** auf rd. 720 Mio. Menschen. Im Jahr 2000 war ihre Zahl auf 777 Mio. gestiegen und bis 2010 hatte sich ihre Zahl auf 830 Mio. erhöht.

Damit lag die Zahl der Slumbewohner um 300 Mio. Menschen unter der Prognose. Dennoch wird für 2030 nahezu eine Verdopplung gegenüber 1990 erwartet. Die größte Zahl der Slumbewohner lebt in den Entwicklungsländern. Am stärksten ist Afrika südlich der Sahara betroffen, gefolgt von Süd- und Ostasien.
Selbst eine für Nordafrika als scheinbar niedrige anzusehende Zahl mit rd. 21 Mio. Menschen sollte nicht darüber hinwegtäuschen, dass sie einem Viertel der Einwohnerzahl Deutschlands entspricht.

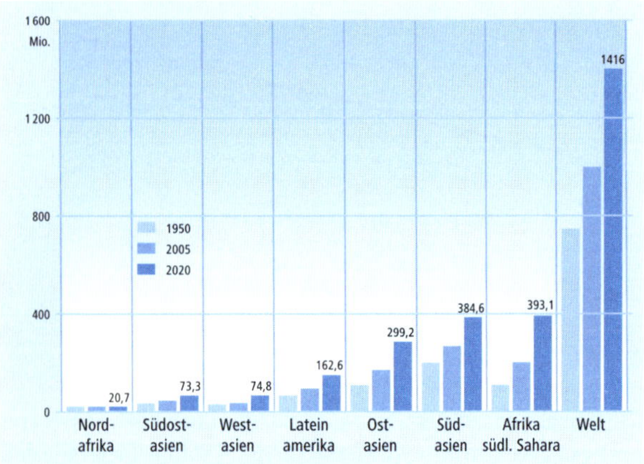

Prognose für 2020 – städtische Slumbevölkerung

Räumliche Ungleichheiten in Entwicklungsländern

In vielen Entwicklungsländern (EL) besteht ein ausgeprägter Dualismus zwischen **Zentrum** und **Peripherie**. Zunächst bleibt die Entwicklung auf eine Region begrenzt. Der Verdichtungsraum, das Zentrum mit hoher Standortgunst, z. T. mit Hafen, verfügt über eine gute Ressourcenausstattung und eine entsprechende Marktgröße. Es dominiert mit seinem eigenen Hinterland den übrigen, kaum entwickelten Raum. Die räumliche

Konzentration (1) zeigt sich an modernen Dienstleistungs- und Industriebetrieben sowie einer starken Zuwanderung der Bevölkerung. Mit fortschreitendem Wirtschaftswachstum wirken sich Agglomerationsnachteile wie z. B. steigende Bodenpreise und höhere Produktionskosten aus.

Dadurch werden einzelne Aktivitäten umgelenkt; innerhalb der Zentralregion setzt eine intraregionale Dezentralisierung (2) ein. In einem weiteren Entwicklungsabschnitt entstehen im peripheren Raum einzelne nationale Subzentren. Die interregionale Dezentralisierung (3) kann durch sich verschärfende Agglomerationsnachteile in der Zentralregion beschleunigt werden. An der Peripherie bilden sich eigenständige Wachstumspole und Siedlungssysteme, bis sich schließlich auch hier der Prozess der interregionalen Dezentralisierung wiederholt und ökonomische Aktivitäten in das Umland verlagert werden.

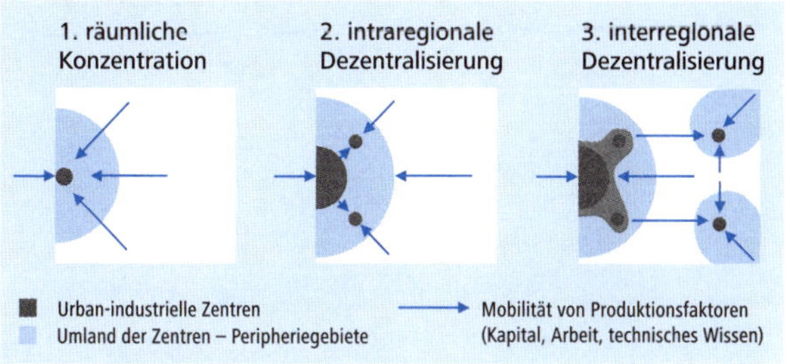

Raumentwicklung nach der Polarization-Reversal-Hypothese

Zentrum und Peripherie weisen oft große Unterschiede aus. Um die Polarisierung auszugleichen, können neue Städte Abhilfe schaffen, die die Zentralregion entlasten. Beispiele hierfür sind neue Hauptstädte wie in Brasilien (Brasilia, vorher Rio de Janeiro), in Pakistan (Islamabad, vorher Karatschi), in Tansania (Dodoma, vorher Daressalam) und in Nigeria (Abuja, vorher Lagos). Voraussetzung für den räumlichen Ausgleich ist der Bau von neuen Verkehrslinien, die als Entwicklungsachsen nicht nur

Zentrum und Peripherie verbinden, sondern auch die peripheren Räume untereinander. Als wenig erfolgversprechend hat sich die Ansiedlung von einzelnen und damit isolierten Großbetrieben erwiesen.

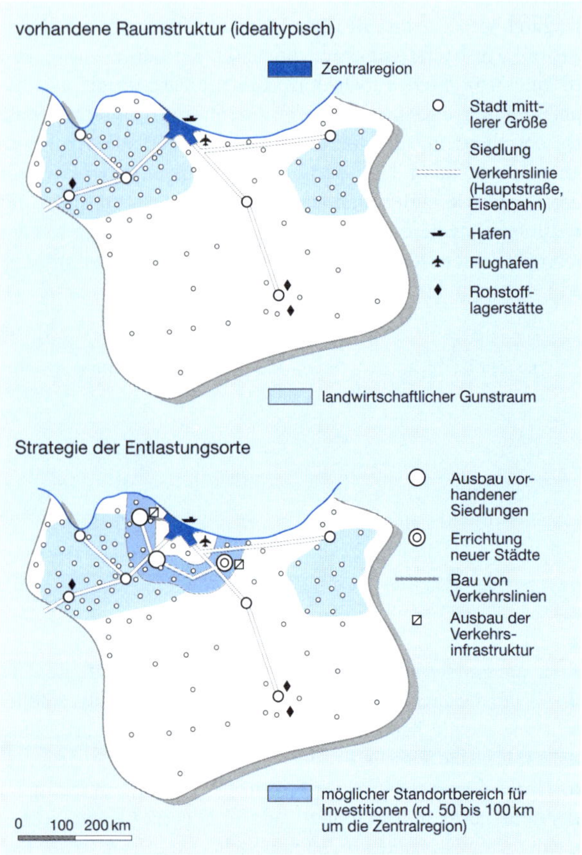

Idealtypische Raumstruktur eines EL und Strategie der Entlastungsorte

Kennzeichen von Entwicklungsländern

demographische Merkmale

- schnelles Wachstum der Bevölkerungszahl, hohe Geburtenrate
- hoher Anteil von Kindern und Jugendlichen
- hohe Säuglings- und Kindersterblichkeit
- durchschnittliche Lebenserwartung unter 50 Jahren
- Urbanisierungsgrad noch relativ gering
- starke Binnen- und grenzüberschreitende Migration

auf Gesundheit und Bildung bezogene Merkmale

- mangelnde medizinische Versorgung, geringe Zahl von Ärzten
- Fehlernährung oder unzureichende Ernährung
- Anfälligkeit für Krankheiten und Epidemien (z. B. Aids)
- Mangel an sauberem Trinkwasser
- begrenzter oder kein Zugang zu sanitären Einrichtungen
- geringe Bildungschancen, hohe Analphabetenrate
- geringer Anteil von Frauen mit höherer Schulbildung
- Anteil der Staatsausgaben für Bildung nicht ausreichend

wirtschaftliche Merkmale

- geringes Pro-Kopf-Einkommen, z. T. nur 1 US-$ pro Tag
- hoher Anteil der in der Landwirtschaft Beschäftigten
- hohe Arbeitslosigkeit, Beschäftigung im informellen Sektor
- geringe Arbeitsproduktivität
- zu geringer Anteil an Fachkräften und Wissenschaftlern
- einseitige Exportstruktur, z. T. auf ein Produkt beschränkt
- schlechte Handelsbedingungen (Terms of Trade)
- passive Handelsbilanz
- hohe Auslandsverschuldung, geringe Direktinvestitionen
- geringe Spartätigkeit wegen vorherrschender Armut
- Mangel an Kapital durch Kapitalflucht ins Ausland
- hohe Staatsverschuldung, oft hohe Inflationsrate

- mangelnde oder schlecht ausgebaute Infrastruktur
- starke Ausrichtung auf die Industrieländer
- fehlendes Knowhow bei Unternehmen und Managern

umweltbezogene Merkmale
- unkontrollierte Verstädterung, Slumbildung
- starke Luftverschmutzung in Ballungsgebieten
- Bodendegradation durch Übernutzung, Versalzung
- weiter fortschreitende Desertifikation
- Abholzung / Vernichtung tropischer Regenwälder
- Wassermangel und Verschmutzung des Grundwassers

soziokulturelle Merkmale
- geringe soziale Mobilität
- traditionelle Verhaltensweisen in Familie, Clan, Ethnie
- entwicklungshemmende reiche Oberschicht
- Kinderarbeit als akzeptierte Daseins- und Altersvorsorge

politische Merkmale
- geringe Effizienz und Stabilität der politischen Elite
- ausufernde Korruption, Nepotismus
- wenig Vertrauen der Bevölkerung in Regierung und Nation
- politische Instabilität von autoritären Staaten
- Bedrohung durch Kriege und Bürgerkriege
- hohe Rüstungsausgaben
- Konflikte mit Nachbarstaaten
- Abhängigkeit von Entwicklungszusammenarbeit

Der **Begriff Entwicklungsland** ist unscharf definiert. Allgemein versteht man darunter ein Land, das arm ist und sich wirtschaftlich, sozial und politisch auf einem niedrigen Entwicklungsstand befindet. Umgangssprachlich wird noch die überholte Formulierung „Dritte Welt“ verwendet. Auch die Unterteilung in LDC-Staaten (*Less Developed Countries*) und LLDC-Staaten (*Least Developed Countries*) wird immer weniger vorgenommen. Ebenso schwierig ist die Abgrenzung zu den **Schwellenländern**, die auch als *Newly Industrializing Countries* bezeichnet werden. Die Zahl der Schwellenländer bewegt sich, abhängig von der Definition der Weltbank oder der EU, zwischen 10 und 30.

Erklärungsansätze für Unterentwicklung

Die **Dependenztheorie** (Theorie der Abhängigkeit) geht von der These aus, dass die Unterentwicklung durch die Abhängigkeit der Entwicklungsländer (Peripherie) von den Industrieländern (Zentrum) hervorgerufen wird. Die Industrieländer beuten die Rohstoffe aus und verschaffen sich dadurch einen hohen Lebensstandard. Die Abhängigkeit wird durch transnationale Konzerne und die einseitige Einbindung in den globalen Markt gefördert. Die Peripherie liefert z. B. Cash crops wie Kaffee und Tee, die auf Flächen angebaut werden, die dem Anbau von Grundnahrungsmitteln vorbehalten sein sollten. Kapital und Knowhow fließen zwar in die Entwicklungsländer, kommen dort aber nur den Eliten in den sog. Brückenköpfen zugute.

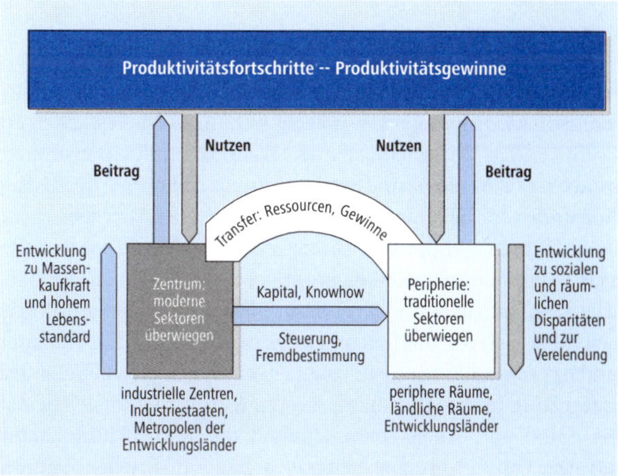

Dependenztheorie

Zu dem Negativeffekt des Gewinntransfers in die Industrieländer, der nur eine geringe Kapitalbildung in den Entwicklungsländern zulässt, kommt die politische Bevormundung. Der Beitrag der EL zum Produktionsfortschritt ist hoch, der daraus gezogene Nutzen jedoch gering. Stattdessen nehmen soziale und räumliche Disparitäten zu. Die Ursachen für die Unterentwicklung sind demnach nicht im Entwicklungsland selbst zu suchen, sondern exogen bedingt.

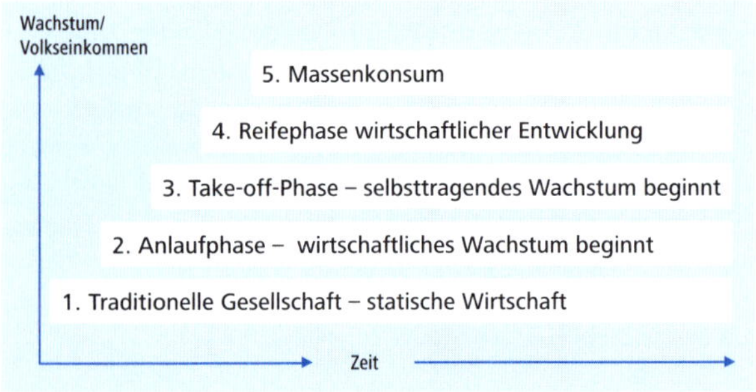

Entwicklungsstufen

Die **Modernisierungstheorie** geht von der These aus, dass Unterentwicklung endogen verursacht ist, z. B. durch Festhalten an traditionellen Wirtschaftsformen. Wenn die Industrienationen moderne Technologie und Kapital beisteuern, können heimische Rohstoffe verarbeitet werden. Die Anlaufphase („Big Push") geht in ein selbsttragendes Wachstum über, vom dem besonders die LDCs und Schwellenländer profitieren. Damit haben die Entwicklungsländer den Übergang zu „Take-off-Societies" vollzogen. Schon bevor die Reifephase wirtschaftlicher Entwicklung und des Massenkonsums erreicht ist, strahlen bei zunehmender Integration in den Weltmarkt die Wachstumsmerkmale auf das bis dahin zurückgebliebene Umland der Entwicklungsländer aus. Der Durchdringungsprozess von den industriellen Zentren wird als Sickereffekt bezeichnet.

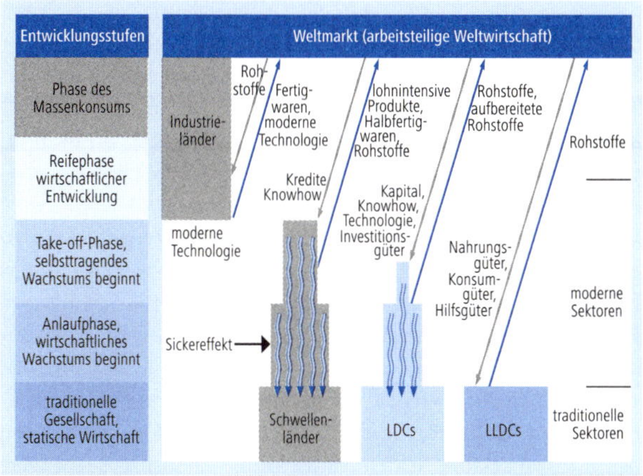

Modernisierungstheorie

Nachhaltige Entwicklung in Entwicklungsländern

Modernisierungs- wie auch Dependenztheorie spiegeln den jeweiligen Zeitgeist wider; Erstere geht auf Erfahrungen Ende der 1950er-Jahre zurück, als viele Kolonialländer unabhängig wurden, Letzterer lagen Untersuchungen in den 1970er- und 1980er-Jahren in Lateinamerika zugrunde. Vertreter des **Verflechtungsansatzes** bemängelten in den 1980er-Jahren die z. T. wirklichkeitsfremden Modelle und betonten stärker die internen und externen Rahmenbedingungen für die Produktionsformen auf lokaler und regionaler Ebene.

Die **Entwicklungsländerdiskussion** beschränkte sich lange auf die Armutsproblematik. Erst nach Ende der West-Ost-Konfrontation Anfang 1990 gelang es, die Thematik losgelöst von machtpolitischen und ideologischen Interessen zu betrachten. Schon 1987 war der Begriff der **Nachhaltigkeit** im Umlauf, aber es dauerte noch einmal fünf Jahre, bis auf der UN-Konferenz „Umwelt und Entwicklung" 1992 in der Agenda 21 auch das Kapitel

„Internationale Zusammenarbeit zur Beschleunigung nachhaltiger Entwicklung in Entwicklungsländern“ fixiert wurde.
Zu den **Zielvorgaben** gehören ökologisches Gleichgewicht, soziale Gerechtigkeit und wirtschaftlicher Wohlstand. Sustainable development erfordert eine dauerhafte Entwicklung, die die heutigen Bedürfnisse der Menschen befriedigt, ohne künftigen Generationen die Ressourcen zu nehmen.
Um die **Bedürfnisse der Entwicklungsländer** zu berücksichtigen, wird in der Agenda 21 gefordert, dass dem Protektionismus Einhalt geboten wird, damit eine weitere Liberalisierung und Expansion des Welthandels zum Wohle aller Länder, insbesondere aber der Entwicklungsländer erfolgen kann. Außerdem solle nach Mitteln und Wegen für funktionsfähigere und transparentere Rohstoffmärkte und für eine vermehrte Diversifizierung des Rohstoffsektors in den Entwicklungsländern gesucht werden.
Die Entwicklungsländer werden ermutigt, die von ihnen begonnenen wirtschaftspolitischen Reformen und Strukturanpassungen fortzusetzen. Eine nachhaltige Entwicklung setzt Investitionen voraus, die in der Vergangenheit nicht erfolgten, da Fluchtkapital in das Ausland transferiert wurde. Des Weiteren müsse das **Verschuldungsproblem** vieler Entwicklungsländer angegangen werden. Die Schuldendienstzahlungen verringern die Fähigkeit, das Wirtschaftswachstum zu beschleunigen und die Armut zu bekämpfen. In vielen Entwicklungsländern sind Kürzungen bei den Investitionen, den Einfuhren und im Konsumbereich zu verzeichnen, bei einigen ist wirtschaftlicher Stillstand die Folge.
Der Nachhaltigkeitsbegriff wird unterschiedlich interpretiert. Die Industrieländer gehen davon aus, dass nachhaltige Entwicklung in den Entwicklungsländern auf ökologischer Grundlage zu geschehen habe. Ökologische Modernisierung und damit Armutsbekämpfung könne durch umweltfreundliche Technologien erfolgen. Dagegen fordern die Entwicklungsländer eine grundlegende Änderung der Wirtschafts- und Lebensweise der

Industrieländer. Die Herausforderung liegt in der Erkenntnis, dass die natürlichen Ressourcen begrenzt sind und das globale Ökosystem an den Grenzen seiner Belastbarkeit angelangt ist. Zugespitzt lautet das Fazit: Die Entwicklungsländer sind Opfer und Verursacher von Umweltschäden. Sie verstärken durch ihr Bevölkerungswachstum noch die Umweltbelastungen. Die Industrieländer stellen jedoch durch die Ressourcenausbeutung und ihr Wohlstandswachstum eine noch größere Bedrohung für die Umwelt dar.

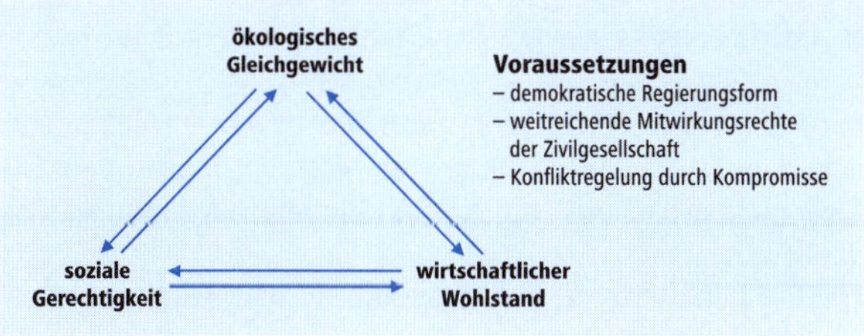

Ziele der nachhaltigen Entwicklung

Entwicklungszusammenarbeit

Nach dem Ende des Kalten Krieges bestand die Hoffnung, durch eingesparte Rüstungsmilliarden den Entwicklungsländern mehr Hilfe zukommen zu lassen. Zuvor hatten auch Militärdiktaturen und korrupte Staaten finanzielle Unterstützung erhalten, selbst wenn sie sich nur verbal dem Westen annäherten.

Träger der Entwicklungszusammenarbeit

a) Leistungen von Regierungen (öffentliche Entwicklungszusammenarbeit/Official Development Assistance, ODA)
b) Nichtstaatliche Entwicklungszuammenarbeit, hauptsächlich von Nichtregierungsorganisationen/NGOs
c) Development Assistant Committee (DAC): Entwicklungsausschuss der Organisation für wirtschaftliche Zusammenarbeit und Entwicklung (OECD): private Unterstützung, Direktinvestitionen, offiziell nicht der EZ zugerechnet

Eine neue Entwicklungspolitik manifestierte sich im Jahr 2000 in der **UN-Milleniums-Erklärung** mit folgenden Zielen:

- Beseitigung der extremen Armut und des Hungers
- Verwirklichung der allgemeinen Primarschulbildung
- Förderung der Gleichstellung der Geschlechter, Stärkung der Rolle der Frau
- Senkung der Kindersterblichkeit
- Verbesserung der Gesundheit von Müttern
- Bekämpfung von Aids, Malaria und anderen Krankheiten
- Sicherung der ökologischen Zusammenarbeit
- Aufbau einer weltweiten Entwicklungspartnerschaft

Fünf Jahre nach der Milleniumserklärung wurde jedoch deutlich, dass 50 Staaten mit insgesamt 900 Mio. Einwohnern die Ziele nicht erreichen. 24 dieser Staaten liegen in Afrika südlich der Sahara.
Die UN hatte 1970 für die Geberländer einen Anteil von 0,7 % des BSP als öffentliche Entwicklungshilfe gefordert. Dieser Anteil ist nur von wenigen Ländern, vorrangig den skandinavischen, erreicht worden.

Beispiele für deutsche Entwicklungszuammenarbeit (nach www.bmz.de)

Projekt: Slumrehabilitierungsprogramm in El Salvador
Ziel: Verbesserung der Lebensbedingungen und der Wohn- und Wohnumfeldverhältnisse in den städtischen Armutsgebieten
Strategie: Verbesserung und Ausbau der städtischen Infrastruktur, Bereitstellung von günstigen Krediten für Wohnungsbau und Wohnungsrenovierung, Stärkung der Eigeninitiative und Partizipation sowie der Organisation und des sozialen Zusammenhalts der Bewohner
Deutscher Beitrag: 8 Mio. Euro
geplante Laufzeit: 2006-2009

Der durchschnittliche Anteil aller Geberländer belief sich 2009 auf 0,48 %. 2005 beschloss die EU, ihre öffentliche Entwicklungszusammenarbeit in einem Stufenplan bis 2015 auf 0,7 % des Bruttonationaleinkommens (BNE = BSP) zu erhöhen.

Deutschland, 2009 in absoluten Zahlen auf Platz drei der Geberländer, beabsichtigte, die Mittel bis 2010 auf 0,5 % und bis 2015 auf 0,7 % zu erhöhen. Die neuen EU-Mitgliedsländer werden ihren Anteil bis 2015 auf 0,33 % anheben.

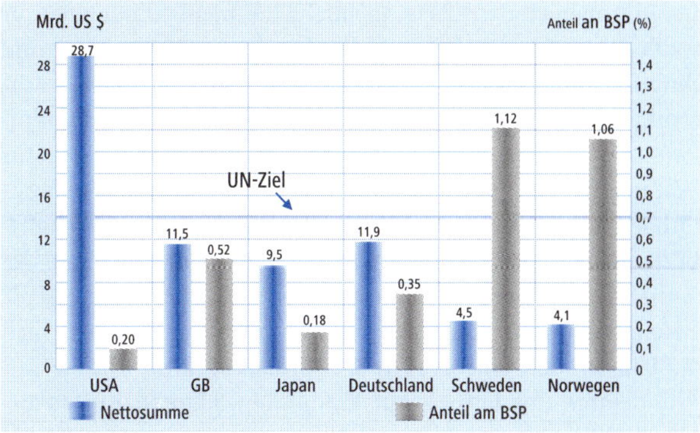

Öffentliche Entwicklungshilfe 2009

2

2.2 Globale Verflechtungen und Globalisierung

Internationale wirtschaftliche Zusammenarbeit

Der **Begriff Globalisierung** begegnet uns fast täglich in der Politik und in den Medien. Er beschreibt die in den letzten Jahren erheblich stärkeren weltweiten Austauschbeziehungen in den Bereichen Politik, Kultur und Wirtschaft. Besondere Bedeutung für die globale Ökonomie und gleichermaßen für unser tägliches Leben besitzen dabei die Zunahme und Internationalisierung des Handels, der Direktinvestitionen, der Finanztransaktionen, der Dienstleistungsmärkte und des Wissensaustauschs.

Politische Rahmenbedingungen: Die wirtschaftliche Globalisierung stellt dabei das Ergebnis bewusster politischer Entscheidungen, vorangetrieben vor allem durch die Staaten Westeuropas, seit dem Zweiten Weltkrieg dar. Schrittweise wurden die administrativen Barrieren für internationale Wirtschaftsbeziehungen (z. B. Zölle, Regulierungen von Finanztransaktionen) verringert.

Internationale Vereinbarungen mündeten in die Gründung von Institutionen ein, welche einheitliche Rahmenbedingungen für weltweite wirtschaftliche Verflechtungen erarbeiteten und durchsetzten. Zugleich erfolgte ein ständiger Ausbau der Infrastruktur; moderne Transport- (z. B. Container) und Kommunikationssysteme (z. B. Internet) verringerten die Transport- (für Waren und Personen) und die Transaktionskosten (Aufwendungen für die Organisation und Durchführung von Geschäftsbeziehungen). Getragen waren die Entscheidungen von der Annahme, dass von erleichterten Wirtschaftsbeziehungen alle Beteiligten profitieren. Idealtypischerweise können Länder sich auf jene Produktionsbereiche spezialisieren, für welche sie aufgrund ihrer Ausstattung mit Produktionsfaktoren Kostenvorteile besitzen, Unternehmen können sich zusätzliche Märkte erschließen, ihre Produktionsmengen vergrößern und dadurch die Stückkosten verringern (*economics of scale*), Konsumenten müssen aufgrund eines stärkeren Wettbewerbs zwischen den Anbietern geringere Verbraucherpreise zahlen.

Institutionen: Die wichtigsten Rahmenbedingungen der internationalen Zusammenarbeit sind die *Welthandelsordnung* (getragen durch die WTO), die *Weltwährungsordnung* (IMF) und *Weltwirtschaftsordnung* der Weltbank (dt. WB), die 1945 in Bretton Woods als International Bank for Reconstruction and Development (IBRD) gegründet wurde und heute eine Sonderorganisation der UNO ist. Zu erwähnen ist auch noch die *Welthandelskonferenz* (UNCTAD), ebenfalls ein UNO-Spezialorgan.

Institutionen der Weltwirtschaft
WTO (World Trade Organization; Welthandelsorganisation): 1994 gegründet, Nachfolgeorganisation des GATT (General Agreement on Tariffs and Trade): Ziel: ungehinderter Austausch von Gütern und Dienstleistungen, Senkung von Zöllen; Schutz geistigen Eigentums, Verbot nicht-tarifärer Handelshemmnisse, Strafzölle bei Verstößen; 153 Mitglieder (2009)
IMF (International Monetary Fonds; Weltwährungsfonds): 1945 gegründet, Ziel: Förderung eines stabilen und kalkulierbaren Weltwährungssystems durch freie Konvertibilität von Währungen; Kreditvergabe zum Ausgleich von Zahlungsbilanzdefiziten; 185 Mitglieder (2009)
IBRD (International Bank for Reconstruction and Development; Weltbank): 1946 gegründet, Ziel: Förderung der wirtschaftlichen und sozialen Entwicklung durch Angleichung der Wirtschaftssysteme; Vergabe von Finanzmitteln, technische Hilfe und Beratung; 185 Mitglieder (2009)

Wirkungen: Die internationalen Institutionen schufen wesentliche Voraussetzungen für die Globalisierung. Ihre Politik trug zum weltweiten Wirtschaftswachstum bei.
Umstritten ist allerdings, wie sich die Vorteile verteilen. Häufig wird argumentiert, dass die hoch entwickelten Länder mehr Vorteile erlangen, da sich deren konkurrenzfähige Unternehmen weltweite Absatzmäkte erschließen können. Dagegen geraten die gering entwickelten Länder weiter in Abhängigkeit und erzielen für ihre Primärgüterexporte (z. B. landwirtschaftliche Produkte, Rohstoffe) nur geringe Einnahmen.

Internationale Transport- und Kommunikationssysteme

Heute ist es kaum noch vorstellbar, wie zeitaufwändig und teuer früher Transport und Kommunikation waren. So kostete um 1800 in Preußen der Transport eines Zentners Getreide über 50 km so viel wie der Wert der Ware, für ein Drei-Minuten-Telefongespräch zwischen Malaysia und Deutschland mussten

1985 noch 30 Euro bezahlt werden und die Post dorthin dauerte sechs Wochen. Mit dem Einsatz moderner Transport- und Kommunikationssysteme wurden Transportzeiten und Transportkosten drastisch verringert. Dies eröffnet Raumeinheiten die Möglichkeit, sich auf die Produktion jener Güter zu spezialisieren, die sie besser (Preis oder Qualität) als andere Standorte herstellen können, und diese weltweit zu verkaufen.

Weiterentwicklungen in den Transport- und Kommunikationssystemen bilden eine wesentliche Voraussetzung für wirtschaftliche Entwicklung und räumliche Arbeitsteilung. Im 19. Jh. bestand ein enger Zusammenhang zwischen dem Ausbau des Eisenbahnnetzes und der Industrialisierung.

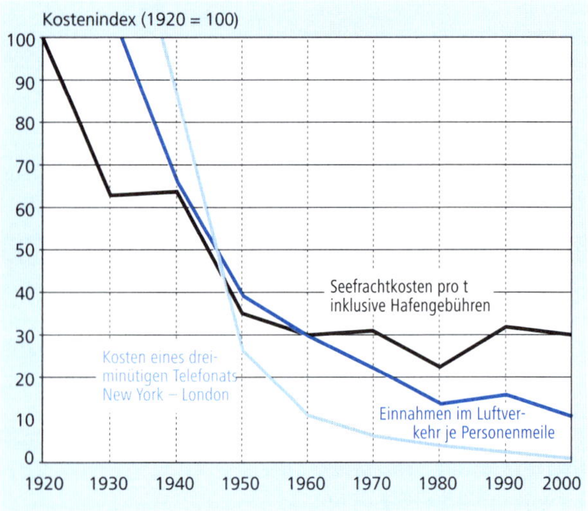

Entwicklung von Transport- und Kommunikationskosten im 20. Jh.

Wichtig für die Globalisierung am Ende des 20. Jahrhunderts waren der Einsatz von Containern, von Flugzeugen und Kommunikationsnetzen (z. B. Telefon, Fax, E-Mail, Internet).

Containertransporte: Große Bedeutung für die Warentransporte hatte die Einführung genormter Container. Im Jahr 1956 wurden die ersten eingesetzt (seit 1972 auch Kühlcontainer), und seit 1970 sind die wichtigsten Schiffsliniendienste auf Container umgestellt. Früher mussten einzelne Stückgüter ständig zwischen den Verkehrsträgern umgeladen werden. Heute werden die Container beim Hersteller mit Stückgütern beladen und in einer geschlossenen Transportkette bis zum Abnehmer geliefert; das Umladen erfolgt kosten- und zeiteffizient mit modernen Technologien in Terminals. Zur weiteren Kostensenkung werden immer größere Containerschiffe eingesetzt; sie laufen im Linienverkehr nur noch wenige Häfen an, von denen dann eine regionale Verteilung über Feeder- und Binnenschiffe erfolgt. Mithilfe von GPS werden die Container überwacht, um so die Transportkette (Schiff, Bahn, Lkw) optimal zu organisieren.

	Wasser	Straße	Schiene	Luft	Kommunikation
2000 ↑ 1950	Containerschiff Supertanker	Wasserstoffauto Elektroauto	Magnetschwebebahn Hochgeschwindigkeitszug	Überschallflugzeug Düsenflugzeug Hubschrauber	Glasfaserkabel Internet Satellit Mikrochip Computer Radar TV

Flugtransporte: Für den globalen und den schnellen Transport wertvoller (High-Tech-Ware) oder leicht verderblicher (Blumen) Güter werden heute Großraumflugzeuge eingesetzt. Luftfracht gilt trotz höherer Kosten als für Seefracht zu zahlen sind, als schneller (geringe Kapitalbindung), sicherer und zuverlässiger.

Kommunikationsverbindungen: Revolutionär für die Organisation von Geschäftsbedingungen waren die Innovationen im Kommunikationswesen: Fax, Internet (1993) und Mobilfunk.

Internationaler Warenhandel

Die Römer erschlossen mit ihren Handelsschiffen den Mittelmeerraum. Die Hanse stellte im Mittelalter mit ihren Niederlassungen und modernen Koggen die dominierende Handelsmacht im Nord- und Ostseeraum dar. Die weltweiten Entdeckungsfahrten der Portugiesen und Spanier waren getragen von der Idee, neue Handelsrouten zu finden und aus fernen Gebieten wertvolle Waren (z. B. Gewürze, Seide) zu holen. Immer wieder ermöglichten erst Innovationen in der Verkehrstechnik – bei den Portugiesen die neuen Karavellen und Navigationsmethoden – die Fahrten über weite Entfernungen.

Gründe für Warenhandel: Über Jahrhunderte erfolgte Warenhandel vor allem wegen Verfügbarkeitsunterschieden. Aufgrund unterschiedlicher Ausstattung mit Ressourcen (z. B. Bodenschätze, klimatische Bedingungen) verfügen Regionen über Waren (z. B. Salz, Erze, Früchte, Fische, Häute), für die in anderen Regionen ein Bedarf besteht. Mit diesen wird dann gehandelt.

Mit der Industrialisierung im 19. Jahrhundert und der Liberalisierung des Außenhandels im 20. Jahrhundert gewannen Preisunterschiede bei der Herstellung von Waren als weiterer Grund für Warenhandel an Bedeutung. Durch industrielle Massenproduktion können Betriebe Waren preisgünstiger herstellen und dann exportieren. Gleichzeitig führen räumliche Unterschiede in den Produktionskosten, z. B. Lohndifferenzen, zu Preisunterschieden in der Herstellung von Gütern (z. B. bei Bekleidung).

Preisunterschiede in der Herstellung als Grund für Warenhandel sind dann besonders relevant, wenn – wie heute – geringe Zollschranken bestehen und niedrige Transportkosten auftreten.

Im 20. Jahrhundert ist es in den hoch entwickelten Ländern zu einer Differenzierung der Produktion aufgrund sehr individueller Verbraucherwünsche gekommen. Heute prägen Qualitätsunterschiede die Warenströme, d. h., es erfolgt ein Austausch von ähnlichen Produkten, die aber in der Qualität subtil differieren.

Am internationalen Warenhandel sind jedoch nicht alle Länder gleichermaßen beteiligt.

Über zwei Drittel der Exporte entfallen auf die hoch entwickelten Länder in Nordamerika und Europa sowie auf Japan. Den intensivsten gegenseitigen Austausch verzeichnen die Staaten der EU; hier erlaubt die wirtschaftliche Integration eine kostenorientierte Arbeitsteilung. Innerhalb der übrigen Länder besitzen die Schwellenländer in Ost- und Südostasien noch relativ hohe Anteile am Welthandel. Demgegenüber liegt das Volumen der Exporte der ärmeren Entwicklungsländer in Afrika und Lateinamerika bei insgesamt unter 10 Prozent.

Auffällig sind die Unterschiede in der Struktur und in der Richtung der Im- und Exporte. Bei den Industriestaaten (IL) dominiert der gegenseitige Austausch von fertigen Industrieerzeugnissen. Die Schwellenländer exportieren arbeitsintensiv produzierte Güter in die IL, sie importieren von dort Industriegüter. Der Handel zwischen den Entwicklungsländern ist wenig ausgeprägt; sie weisen sehr ähnliche Exportstrukturen (z. B. gleiche Agrarprodukte) auf und besitzen deshalb wenig Austauschpotenzial. Ihre Primärgüter exportieren sie in die IL und beziehen von dort Fertigprodukte.

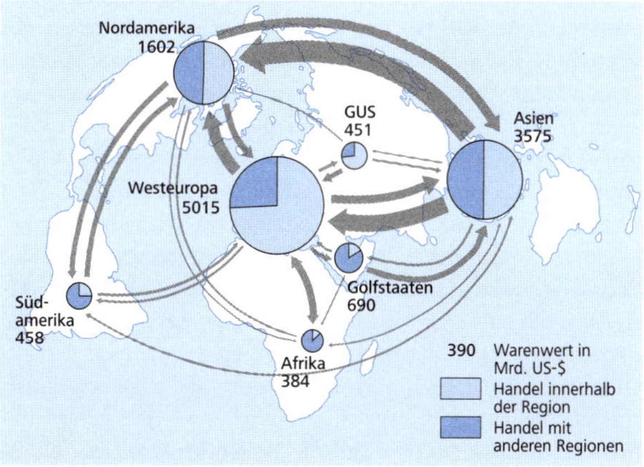

Internationale Handelsströme 2009 in Mrd. Dollar

Handel mit Erdöl

Ohne Energie sind keine wirtschaftlichen Aktivitäten und keine räumliche Arbeitsteilung möglich. Die hoch entwickelten Gesellschaften hängen in starkem Maße vom Import von **Energierohstoffen** ab. Obwohl seit Jahrzehnten Maßnahmen zum Energiesparen getroffen wurden, stieg der weltweite **Energieverbrauch** ständig an. 1970 betrug der Einsatz kommerzieller Energie 6 650 Mrd. t SKE (SKE = Steinkohle-Einheit, Standardmessgröße für Energie), 2000 bereits 12 000 Mrd. t SKE. Trotz der Bemühungen einiger hoch entwickelter Länder zum Einsatz regenerierbarer Energiequellen (z. B. Wind-, Sonnenenergie) liegt deren Anteil erst bei ca. 3,5 % des Weltenergieverbrauchs. Die **wichtigsten Energieträger** basieren immer noch auf fossilen Ablagerungen. Braunkohle wird überwiegend unmittelbar an den Fundstellen in Kraftwerken zur Erzeugung elektrischer Energie verwendet und dann national verbraucht. Auch die regenerativen Energien dienen zur Stromerzeugung und meist noch zur nationalen Versorgung (vgl. aber neue Solarprojekte in Libyen oder Spanien). Dagegen sind Erdöl und Erdgas weltweit gehandelte Energieträger; die räumliche Verteilung der Lagerstätten und der Verbraucher weichen stark voneinander ab.

Verteilung der Erdölvorkommen: Erdöl und Erdgas sind bis heute die mit Abstand wichtigsten Energieträger mit einem Anteil von über 60 % am Gesamtenergieverbrauch. Die größten Erdöllagerstätten befinden sich im Bereich des Persischen Golfs; daneben gibt es noch ergiebige Vorkommen in Amerika (Golf von Mexiko, Alaska, Venezuela), Afrika (Libyen, Algerien, Nigeria) und in mehreren Regionen der GUS (Obbusen, Westsibirisches Tiefland, nordöstliches Sibirien, Pazifikküste). Im Verlaufe der Ölkrise erfolgte auch eine Erschließung der Vorkommen der Nordsee, allerdings sind diese bald erschöpft.

Der größte **Verbrauch von Erdöl** erfolgt in den hoch entwickelten Staaten. Zwischen wirtschaftlicher Entwicklungsdynamik und Anstieg des Ölverbrauchs besteht ein direkter Zusammenhang, wie das Beispiel China zeigt.

Die weltweite Verteilung des Erdöls erfolgt mit Riesentankern (über 300 000 BRT), die nur wenige Tiefwasserhäfen anlaufen können, und durch Pipelines. Öltransporte sind technisch nicht ungefährlich.
Der Kampf ums Erdöl führt national und international immer wieder zu politischen und militärischen Auseinandersetzungen.

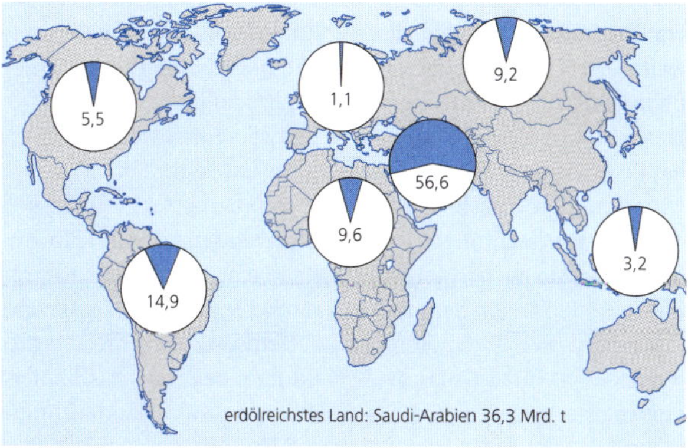

Anteile an den Erdölreserven Ende 2009 (%)

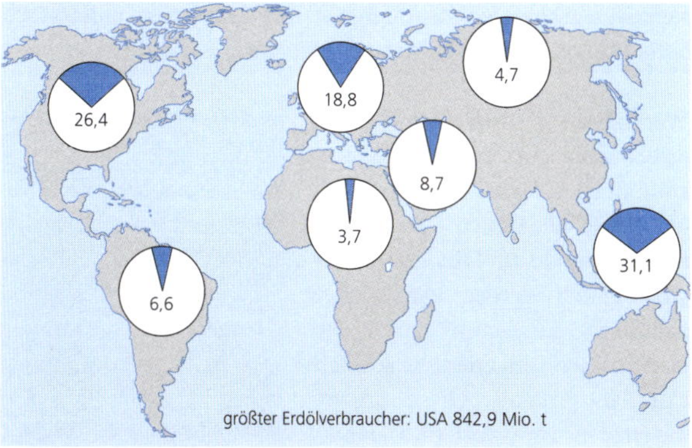

Anteile am Erdölverbrauch Ende 2009 (%)

Internationale Warenketten

Jedes Endprodukt hat viele Bearbeitungsstufen und einen langen Weg hinter sich. Klassische Warenketten waren noch dadurch gekennzeichnet, dass die Verarbeitung vom Rohstoff bis zum Endprodukt möglichst an einem Standort erfolgte, um dort Kostenvorteile durch Massenproduktion zu erzielen. Heute werden unter den Bedingungen niedriger Transportkosten und geringer Handelsbarrieren die Schritte der Produktion immer mehr weltweit verteilt. Entsprechend ihren Standortbedingungen übernehmen Räume jeweils Teilschritte der Produktion.
Deshalb sind viele Akteure – z. B. Transportdienstleister, Händler, Produzenten, Käufer – an der Kette beteiligt.
Zwischen den einzelnen Etappen der Kette bestehen nicht nur Transportverflechtungen, sondern die Akteure innerhalb der Kette besitzen auch unterschiedliche Macht. Produzentendominierte Ketten treten bei großen Unternehmen auf, die aufgrund ihrer modernen Technologie (z. B. Microsoft) oder ihres Marktwertes (z. B. Coca Cola) großen Einfluss besitzen. Als käuferdominierte Ketten gelten jene, bei denen große Handelsunternehmen (z. B. Aldi) Preisdruck auf Hersteller sehr ähnlicher Produkte (z. B. Lebensmittel) ausüben können. Meist befinden sich die warenkettendominierenden Unternehmen in den hoch entwickelten Ländern.

Warenkette Kaffee: Das Beispiel Kaffee zeigt eine typische Warenkette für den Handel von Rohstoffen zwischen Entwicklungs- und Industrieländern. Die getrockneten Bohnen werden von lokalen Händlern aufgekauft, zu Häfen transportiert und an internationale Händler verkauft. Diese organisieren den Transport und Handel mit hoch entwickelten Ländern.

Kaffeeverbrauch (kg/Kopf) europäischer Länder 2008

Finnland	12,0
Norwegen	9,9
Island	9,0
Dänemark	8,7
Niederlande	8,4
Schweden	8,2
Schweiz	7,9
Belgien	6,8
Luxemburg	6,8
Deutschland	6,4

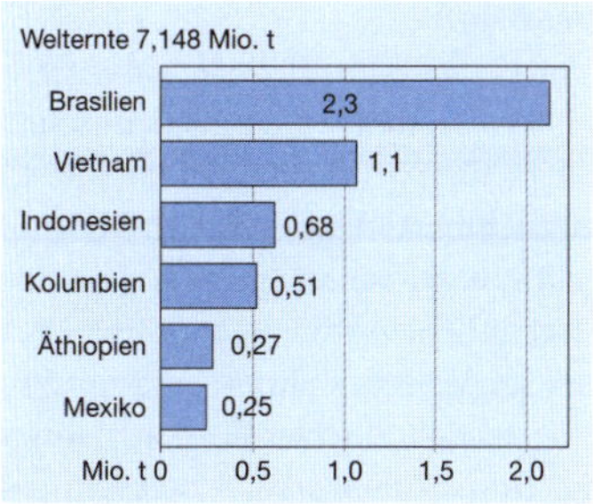

Anteil an der Welternte 2009

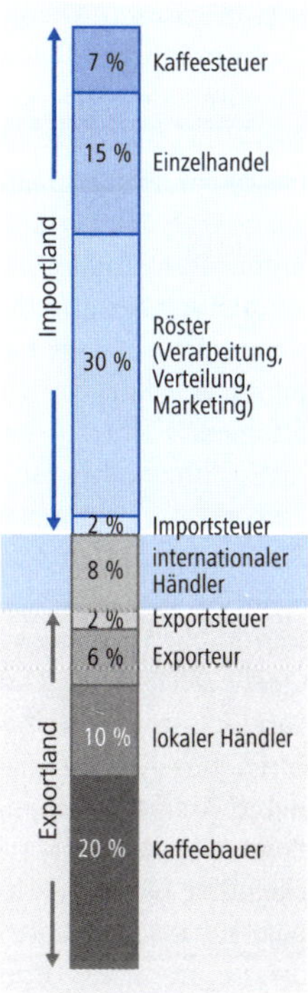

Akteure und Preisanteile

Dort erfolgt die technologisch aufwändige und auf die nationalen Geschmackspräferenzen abgestimmte Weiterverarbeitung in Röstereien. Der Röstkaffee wird dann über große Handelsketten an den Endverbraucher verkauft. 2006 betrug der Wert des exportierten Kaffees 9,82 Mio. US-$.

Die Preisanteile der Akteure in der Warenkette sind sehr unterschiedlich. Die Bauern erhalten nur etwa 20 %; insgesamt verbleiben im Entwicklungsland nur ca. 38 %. Rd. 30 % entfallen auf die Röstereien, die innerhalb der Kette große Macht besitzen; so kaufen die fünf größten Kaffeekonzerne die Hälfte der Welternte auf. Die Möglichkeiten, bereits das Rösten in den Entwicklungsländern durchzuführen und damit dort höhere Anteile zu erzielen, sind begrenzt, da dort weder das technische Wissen vorhanden ist, noch die Geschmackswünsche der Verbraucher erreicht werden.

Mit dem „Fairtrade“-Ansatz sollen die Bauern durch Direktvertriebswege höhere Anteile am Verkaufspreis erhalten.

2

Internationale Direktinvestitionen

Ein wesentliches Element der Globalisierung stellen die stark zunehmenden Ströme von internationalen bzw. ausländischen Direktinvestitionen (ADI, engl. FDI = Foreign Direct Investment) dar. Immer mehr Unternehmen engagieren sich im Ausland. Als Direktinvestition gilt nur, wenn der Investor dort unmittelbaren Einfluss auf wirtschaftliche Aktivitäten nimmt. Dies kann durch Neugründungen (z. B. Verkaufsbüro, Zweigbetrieb), durch Ausbau bereits im Besitz befindlicher Einheiten oder durch den Kauf vorhandener Immobilien bzw. Unternehmen erfolgen. Nicht zu den Direktinvestitionen zählen Portfolioinvestitionen, d. h. reine Finanzanlagen, bei denen nur aus Ertragsmotiven ein Finanztransfer (z. B. Geldanlage, Kauf von Aktien) erfolgt.

Räumliche Verteilung von Direktinvestitionen: Die wichtigsten Quellgebiete für Direktinvestitionen sind die hoch entwickelten Länder, aus denen über 80 % stammen. Sie besitzen auch mit rund 70 % den größten Anteil als Zielgebiete, was sich vor allem durch Marktüberlegungen erklärt. In den letzten Jahrzehnten flossen auch viele Direktinvestitionen in die sich rasch entwickelnden Länder Südostasiens, überwiegend wegen der dort niedrigen Arbeitskosten. Gegenwärtig sind Investitionsstandorte in China und Ostmitteleuropa besonders interessant, da dort niedrige Standortkosten und neue Absatzmärkte locken.

Um als Zielland für Direktinvestitionen infrage zu kommen, müssen Mindestvoraussetzungen gegeben sein. Unternehmen wählen nur Standorte, die über eine Basisinfrastruktur (internationale Verkehrs- und Kommunikationsverbindungen, Versorgungseinrichtungen) verfügen und rechtliche Sicherheit (z. B. Eigentumssicherheit, Gewinntransfer, Besteuerung) bieten. Einen Ausschlussfaktor stellen politische Instabilitäten (z. B. Krieg, Extremismus, Kriminalität) dar. Deshalb entfallen auf Risikostaaten in Afrika und Asien fast keine Direktinvestitionen.

In den letzten Jahren stieg der **Umfang von Direktinvestitionen** nicht nur stark an, sondern es veränderten sich auch die Anteile der Sektoren. Zu Beginn der 1970er-Jahre entfielen noch ca. 25 % auf rohstofforientierte Produktion und 45 % auf übrige Industrien. Heute besitzen Dienstleistungen (z. B. Einzelhandel, Finanzdienste, Logistik, Beratung) einen Anteil von über 50 %, während auf Rohstoffe weniger als 10 % entfallen.

Motive für Direktinvestitionen im Ausland

Absatzorientierte Gründe:
- Größe und Kaufkraft des Zielmarktes,
- Umgehung von Handelshemmnissen,
- Anpassung an länderspezifische Produktmerkmale und Marktbedingungen,
- Herkunfts-Goodwill (= hergestellt im eigenen Land → Absatzpsychologie),
- allgemeine Gewinnmaximierung,
- Wettbewerbsvorteile durch Marktnähe

Kosten-/beschaffungsorientierte Gründe:
- vorhandene Rohstoffe und Vorprodukte,
- Verfügbarkeit billiger Arbeitskräfte,
- Verfügbarkeit von hoch qualifizierten Arbeitskräften,
- niedrige Standortkosten (z. B. Steuern, Umweltauflagen, Flächen, Energie),
- Verringerung von Transportkosten,
- Nähe zu anderen Anbietern/Herstellern

Die **Wirkungen von Direktinvestitionen** werden kontrovers beurteilt. Als positive Effekte gelten Kapitalbildung, Devisenersparnis, Beschäftigung, Einkommen, Technologietransfer und Diversifizierung der Wirtschaft im Zielland. In Niedriglohnländern wurden z. T. extra Freihandelszonen gegründet. Negative Effekte sind die Verdrängung lokaler Anbieter, staatliche Vorleistungen, Abhängigkeit, Umweltbelastung, der Gewinnabzug ins Ausland.

Standortfaktoren und Standortwahl

Standortfaktoren: Als Standortfaktoren gelten alle im Raum auf betriebliche Aktivitäten einwirkenden Einflussgrößen. Eine übliche Untergliederung unterscheidet in harte Standortfaktoren, d. h. in Geldeinheiten messbare Wirkungen auf Kosten bzw. Erlöse des Unternehmens, und in weiche Standortfaktoren, welche indirekten Einfluss auf den Unternehmenserfolg besitzen; dazu gehören unternehmensbezogene (z. B. Wirtschaftsklima, Standortimage) und personenbezogene Faktoren (z. B. Wohnqualität, Kulturangebot). Daneben werden Standortfaktoren häufig nach dem Materialfluss in einem Unternehmen gegliedert. Zur Input-Seite gehören die Verfügbarkeit von Rohstoffen, Vorprodukten, Energie oder Arbeitsleistung, zur Durchführungsseite zählen vorhandene Dienstleistungen oder die Ausstattung mit Infrastruktur (z. B. Verkehrsverbindungen) und zur Output-Seite die lokale oder überregional erreichbare Nachfrage.

Standortwahl: Die Wahl eines Standortes stellt eine der wichtigsten langfristig wirksamen Unternehmensentscheidungen dar. Die Gewichtung der einzelnen Standortfaktoren hängt von den Merkmalen des Unternehmens und auch vom Verhalten des Entscheidungsträgers ab.

Normalerweise stellt ein Unternehmen ein Präferenzprofil auf, welches die aus betrieblicher Sicht vorhandenen Anforderungen an mögliche Standorte umfasst. Dem werden die Merkmale verschiedener infrage kommender Standorte gegenübergestellt und schließlich jener ausgewählt, welcher am besten die Anforderungen erfüllt.

Allerdings differiert die Qualität des Entscheidungsprozesses stark. Große Unternehmen führen meist eine sehr professionelle Standortanalyse durch, verfügen über umfassende Informationen und lassen sich von Experten beraten. Ein solches Verhalten entspricht dem eines „optimisers". Dieser kann eine große Datenmenge auswerten lassen und den optimalen Standort wählen.

Kleinere Unternehmen können sich einen derartigen Aufwand oft nicht leisten, und häufig wird das Verhalten des Inhabers auch durch persönliche Einflüsse (z. B. Wohnortnähe) bestimmt. Dieses Verhalten entspricht dem eines „satisficers", er wählt einen befriedigenden, aber nicht optimalen Standort.

In **Modellen zur Standortentscheidung** wird versucht, die Vielzahl von Einflussfaktoren auf die wichtigsten zu reduzieren. Das klassische Modell von A. Weber erklärt die Standortwahl durch die Transportkosten der Materialien eines Betriebes. Dabei werden auf der Input-Seite Reingewichtsmaterialien (die vollständig in das Endprodukt eingehen) und Gewichtsverlustmaterialien (die nur zum Teil in das Endprodukt eingehen, z. B. Erz, Kohle) unterschieden. Je höher der Anteil von Gewichtsverlustmaterialien ist, desto stärker nähert sich der optimale Standort dem Fundort von Materialien, da dort niedrigere Transportkosten auftreten. Heute kann dieser Ansatz nur noch Standorte der Grundstoffindustrie (z. B. Zementfabriken) erklären.

Besitzt ein Unternehmen viele Informationen und die Fähigkeit, diese zu verarbeiten, wählt es einen Standort, der hohe Gewinne verspricht. Fehlen Informationen, kann der gewählte Standort verlustbringend sein.

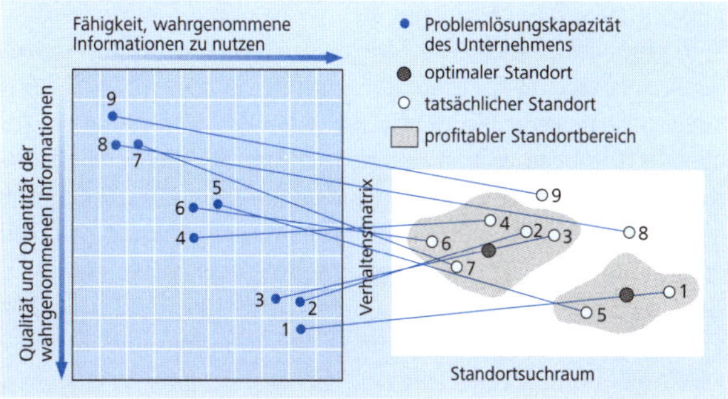

Modell der Standortwahl nach A. Pred (1967)

Multinationale Unternehmen und Global Player

Als **Multinationale Unternehmen** (MNU) bezeichnet man Betriebe, die mindestens eine Tochterfirma im Ausland mit einer Kapitalbeteiligung von über 10 Prozent unterhalten. Sie können als treibende Kraft der **Globalisierung** betrachtet werden. Die Erschließung von Rohstoffquellen, die Sicherung und Ausweitung des Absatzes im Ausland, natürlich die Kostensenkung und die eigene Wertsteigerung werden als Globalisierungsziele der MNU genannt. Als **Global Player** verfügen sie über große technische und finanzielle Ressourcen, ihr Anteil am Welthandel ist außerordentlich hoch. Nach Schätzungen entfällt rund ein Drittel des Weltexportes auf den Handel innerhalb dieser Konzerne. Gleichzeitig befinden sie sich in einem starken Konkurrenzkampf untereinander.

Durch ihre Bedeutung für Investitionen, Handel, das Transportwesen und Beschäftigung ergibt sich parallel zu ihrer ökonomischen auch ihre politische Macht; sie verfügen in ihren Heimatländern, aber auch in den Ländern mit Niederlassungen, über einen sehr großen politischen Einfluss. Kritiker vermuten, dass diese multinationalen Konzerne die Politik in manchen Ländern stärker bestimmen als die gewählten politischen Entscheidungsträger. Welche riesigen Geldmengen von den Multinationalen Konzernen (MNU) bewegt werden, wird deutlich, wenn man z.B. den Umsatz des weltgrößten Unternehmens, Wal-Mart, in Höhe von 408,2 Mrd. US-$ (2009) zum dem Bruttoinlandsprodukt (BIP) von Südafrika (278,2 Mrd. US-$ [2009]) oder von Norwegen 382,9 Mrd. US-$ ins Verhältnis setzt.

Im Jahr 1980 gab es weltweit etwa 17 000 Multinationale Konzerne. Bis zum Jahr 2000 stieg die Gesamtzahl auf über 63 000 an und hat sich bis 2007 noch einmal deutlich auf ca. 70 000 erhöht. Die Zahl der Tochterunternehmen der Multinationalen Unternehmen lag 2007 bei annähernd 700 000. Von den 100 weltweit größten Multinationalen Konzernen stammen über die Hälfte aus Europa.

Ein weiteres Viertel stammt aus den USA. Die Entwicklung verlief in den Regionen der Erde unterschiedlich. Während die Zahl der MNU in Deutschland, China und Russland seit 1990 deutlich zugenommen hat, ergaben sich für Japan und die USA geringere Steigerungsraten. Aber die Entwicklung in Japan und den USA steht nicht im Widerspruch zur Marktmacht der MNU, denn Größe und Konzentration werden auch durch Unternehmensfusionen gesteigert. So gab es seit 2000 jährlich über 5 000 grenzüberschreitende Fusionen und Übernahmen mit Finanzvolumina von 2 Billionen US-$ pro Jahr.

Die Betriebsräte der MNU stehen vor großen Herausforderungen, damit die Belegschaften in den unterschiedlichen Ländern nicht gegeneinander „ausgespielt" werden, wenn es um Entlohnung, Arbeitsbedingungen oder gar die Schließung von Werken geht. Auch ökologische Standards gilt es zu verteidigen, wenn europäische MNU wie BASF in Russland, China oder Indonesien investieren.

Im Gegensatz zur Bezeichnung *Transnationales Unternehmen*, den die UNCTAD (Welthandelskonferenz) benutzt, wird hier die Bezeichnung Multinationales Unternehmen bevorzugt, da sich mit dem Begriff Transnationales Unternehmen (TNU) häufig eine Organisationsform der Unternehmen verbindet, die nicht für alle Unternehmen vorausgesetzt werden kann, die in mehreren Staaten aktiv sind. Während in den MNU die Tochtergesellschaften hinsichtlich der Produktions-, Beschaffungs- und Absatzpolitik vor Ort weitgehend autonom sind, bezeichnet der Idealtyp des Transnationalen Unternehmens eine Form der Netzwerkorganisation, die geographisch nicht mehr konkret verortet werden kann. Die Unternehmensführung verpflichtet die teilautonomen Tochterfirmen auf strategische Unternehmensziele, und die Tochterfirmen übernehmen dann in den verschiedenen Staaten unterschiedliche funktionale Aufgaben. Produkte sind möglichst weit an nationale Marktbedingungen angepasst, basieren jedoch auf gemeinsam entwickelten Basismodulen, gemeinsamer Forschung und Entwicklung.

Supranationale Integrationsräume

Innerhalb des Systems globaler Verflechtungen erleichtern einzelne Länder noch stärker die Wirtschaftsbeziehungen untereinander; sie bilden supranationale Integrationsräume, innerhalb derer der Warenhandel ohne Beschränkungen möglich ist und auch ggf. ein freier Austausch von Produktionsfaktoren erfolgt. Ziel der Zusammenschlüsse ist es, eine optimale Nutzung der vorhandenen Ressourcen zu erreichen, Kosten zu sparen und das Wirtschaftswachstum zu maximieren.

Stufen der Integration: Die Außenwirtschaft von Ländern kann durch Zölle und nicht-tarifäre Handelshemmnisse (z. B. Kontingente, technische Vorschriften) Einfluss auf den Warenhandel nehmen; mit Zuzugsbeschränkungen wird die Wanderung des Produktionsfaktors Arbeit gesteuert, über Investitionskontrollen die Mobilität des Produktionsfaktors Kapital gelenkt und durch Patente der Faktor technisches Wissen überwacht. In den supranationalen Integrationsräumen werden beschränkende Regulierungen aufgehoben und immer mehr Aufgaben an länderübergreifende Institutionen abgegeben.

Integrationsraum Europäische Union

Den höchsten Grad der Integration hat die Europäische Union erreicht. In einem Zeitraum von fünf Jahrzehnten wurde der Gemeinsame Markt realisiert, und 1993 wurde der Binnenmarkt verwirklicht. Seitdem gelten folgende vier Grundfreiheiten:

- Freier Personenverkehr: Wegfall von Grenzkontrollen, Niederlassungs- und Beschäftigungsfreiheit für alle EU-Bürger
- Freier Dienstleistungsverkehr: innerhalb der EU Finanz-, Bank-, Versicherungs-, Transport-, Dienstleistungsaktivitäten
- Freier Warenverkehr: seit längerem bestehend, Erleichterung durch weitere Vereinheitlichung von Normen und Vorschriften
- Freier Kapitalverkehr: Erlaubnis für Investitionen innerhalb der EU

Eine vollständige Integration erfolgt über verschiedene Stufen. Wird in der Präferenzzone zunächst nur der Handel von einzelnen Waren und Dienstleistungen erleichtert, erlaubt der Gemeinsame Markt bereits die freie Mobilität von Produktionsfaktoren, und in der Wirtschaftsunion übernehmen Institutionen Aufgaben in der gemeinsamen Wirtschaftspolitik.

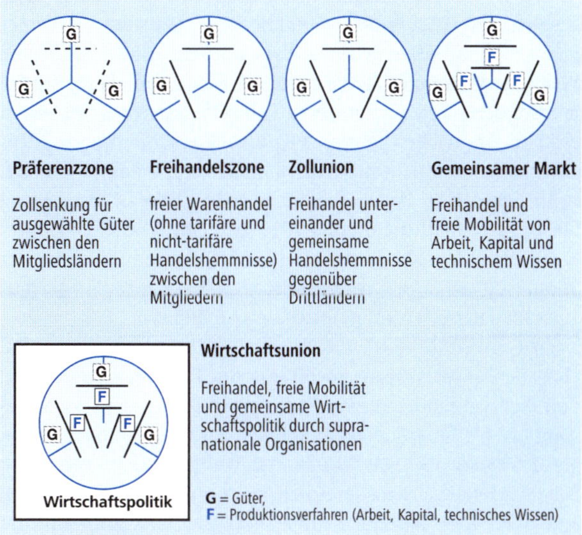

Stufen supranationaler Integration

Für die 2004/2007 der EU beigetretenen Länder Ostmitteleuropas und SO-Europas gelten noch Anpassungsbestimmungen.

Weitere Integrationsräume: Die erfolgreiche Entwicklung der EU ist Vorbild für andere Länder der Welt. Doch hat noch keine andere Region einen vergleichbaren Integrationsgrad erreicht.

Ein relativ stabiler Austausch findet im Bereich des Warenverkehrs zwischen den Staaten des *MERCOSUR* (seit 1991), der *ASEAN/AFTA* (seit 1993) und der *NAFTA* (seit 1994) statt. Weniger erfolgreich sind bisher die Integrationsbemühungen der Organisationen *AU*, *CEAO*, *ECOWAS*, *AN* in Afrika und Südamerika.

Internationale Migration

Das 19. Jahrhundert war ein Zeitraum ausgeprägter weltweiter Migration. Vor allem die Staaten in Nord- und Südamerika boten neu zu erschließende Flächen und vielfältige Beschäftigungsmöglichkeiten in expandierenden Wirtschaftszweigen. Insbesondere aus den europäischen Staaten mit hohem natürlichen Geburtenüberschuss wanderten viele junge Leute in die Länder der Neuen Welt aus. Während der Weltkriege in der ersten Hälfte des 20. Jahrhunderts und auch noch zu Zeiten des Kalten Krieges kam es zu umfangreichen politisch begründeten Wanderungen. Menschen aus diktatorischen Staaten flohen in die demokratisch-freiheitlichen Länder. In der gegenwärtigen Phase der Globalisierung bilden wirtschaftliche Überlegungen den entscheidenden Grund für internationale Migration. Im Jahr 2000 waren rund 90 % der Wanderungen über Grenzen wirtschaftlich motiviert und nur etwa 10 % basierten auf politischen Gründen.

Umfang der Migration: Auch wenn uns Pressemeldungen und Politiker den Eindruck vermitteln, dass in Zeiten der Globalisierung der Umfang der Wanderungen stark zugenommen habe, hat sich dieser doch seit dem Zweiten Weltkrieg kaum verändert. Seit über 50 Jahren liegt der Anteil der internationalen Migranten an der Weltbevölkerung ziemlich konstant bei 2 % im Jahr. Im Jahr 2000 lebten etwa 150 Mio. Menschen nicht mehr in ihrem Geburtsland. Allerdings besteht ein sehr hoher Wanderungsdruck aus Ländern mit niedrigem Entwicklungsstand in hoch entwickelte Länder. Diese beschränken seit den 1970er-Jahren mit Regelungen die Zuwanderungsmöglichkeiten, wobei sie sich meist an Nützlichkeitskriterien orientieren. Während für hoch qualifizierte Fachkräfte relativ liberale Regelungen gelten, wird die Zuwanderung von unqualifizierten Arbeitskräften stark beschränkt.

Formen und Netzwerke der Migration: Deutlich zugenommen hat in der Phase der Globalisierung die Migration hoch qualifizierter Personen, die von den meisten Ländern erlaubt wird.

Migrationsbestimmende Faktoren

Ökonomisch induzierte Migration		Nicht-ökonomisch induzierte Migration	
Push-Faktoren	Pull-Faktoren	Push-Faktoren	Pull-Faktoren
Arbeitslosigkeit, Unterbeschäftigung, geringes Lohnniveau, schlechte Lebensbedingungen	Arbeitskräftemangel, Anwerbekampagnen, hohes Lohnniveau, bessere Lebensbedingungen	Kriege, ökologische und Hungerkatastrophen, Verfolgung/Vertreibung aus politischen und oder religiösen Gründen	Familienzusammenführung, Eheschließungen

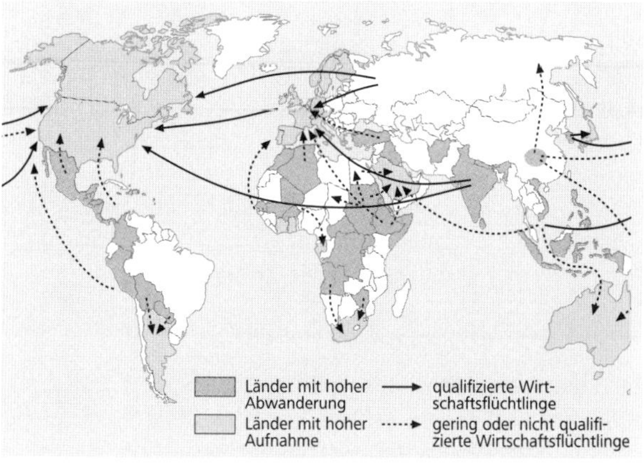

Die Ströme der Armuts- und Wirtschaftsflüchtlinge

Innerhalb der multinationalen Unternehmen erfolgt ein häufiger internationaler Austausch von Personal der Management-, Forschungs- und Technikebene. Die Unternehmen werben weltweit hoch qualifizierte Personen über Ausschreibungen, aber auch über „Head-Hunter" an. Die Anwerbepraxis begünstigt den „Brain-Drain" aus Entwicklungsländern. Parallel dazu finden

Wanderungen von gering qualifizierten Personen statt, die jedoch überwiegend illegal sind. Hierfür besitzen Netzwerke wie Familienkontakte und Schleuserorganisationen große Bedeutung. Die illegalen Wanderungen sind mit hohen Kosten und persönlichen Risiken verbunden, denn in den Zuwanderungsländern drohen Abschiebung oder unsichere Arbeits- und Lebensverhältnisse. Die meisten Zuwanderer hoffen, nach einer Wartezeit eine unbefristete Aufenthaltserlaubnis zu erlangen.

Global Cities

Im System der weltweiten Wirtschaftsbeziehungen ergeben sich neue räumliche Strukturen. Die Nationalstaaten verlieren an Einfluss, während auf globaler Ebene Rahmenordnungen (z. B. WTO, IMF, Weltbank), Institutionen der supranationalen Integrationsräume (z. B. die EU-Kommission) und auch multinationale Unternehmen (Global Player) an Bedeutung gewinnen. Unterhalb der räumlichen Ebene von Staaten sind allerdings nicht alle Teilregionen gleichermaßen in die Globalisierung eingebunden. In den stark integrierten Ländern entwickelt sich ein neuer Typ von Zentren, welcher aus dem nationalen Städtesystem herausragt und internationale Vernetzungen besitzt; diese Global Cities gelten als die Steuerungs- und Kontrollzentralen der globalen wirtschaftlichen Aktivitäten.

Merkmale von Global Cities: Eine Global City definiert sich nicht über die Bevölkerungszahl – in Entwicklungsländern gibt es viel größere Städte, die sogenannten Mega-Cities – sondern über ihre Funktionen im weltweiten Wirtschaftssystem. Diese beruhen auf einer Konzentration von Einrichtungen, die globale Aktivitäten steuern. Es befinden sich dort:

- zahlreiche Hauptsitze multinationaler Unternehmen, wo strategische Entscheidungen getroffen und Forschungsaufgaben erfüllt werden,
- weltweit tätige politische Institutionen (z. B. UN- und EU-Organe, NGOs),

- zahlreiche hochrangige Dienstleistungsbetriebe, die weltweite Finanzgeschäfte tätigen (Banken, Aktienhändler, Devisenhändler, Börsen, E-Commerce),
- unternehmensorientierte Dienstleistungen (Unternehmens-, Rechts-, Steuerberatung, Werbung, Marketing, Logistik),
- internationale Kommunikationsaktivitäten (Messen und Kongresse).

Damit diese Einrichtungen ihre weltweiten Aktivitäten durchführen können, benötigen sie ein hochwertiges Transportsystem mit internationalem Flughafen, oft mit Containerhafen u. Ä.

System der Global Cities: Anhand ihrer Merkmale lässt sich eine Rangfolge der Global Cities erstellen. Als die wichtigsten gelten gegenwärtig New York, London und Tokio.

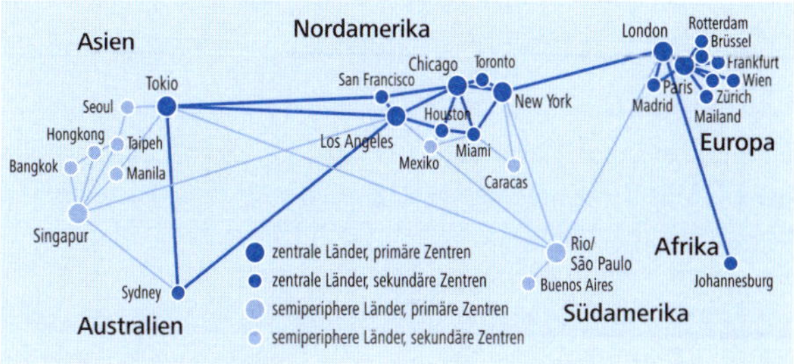

Rangordnung der Global Cities

Sie besitzen fast alle Funktionen und liegen jeweils auch in sich ergänzenden Zeitzonen, sodass ganztägig weltweite Aktivitäten von dort aus organisiert werden können. Auch Los Angeles, Chicago und Paris übernehmen eine Reihe von zentralen Funktionen, während Frankfurt a. M., Wien oder Zürich nur Teilaufgaben (z. B. im Finanzbereich, als Kongress- und Messezentren, als Verkehrsdrehscheibe, bei politischen Institutionen) erfüllen.

Zwischen den Global Cities in den hoch entwickelten Ländern bestehen enge **Verflechtungen**, was sich anhand von Finanzak-

tionen, Verkehrsverbindungen oder Unternehmensbeziehungen messen lässt. In den geringer entwickelten Ländern bildet sich auch ein System heraus, bei dem sich aber die Richtung der Verflechtungen unterscheidet. Diese Städte besitzen ausgeprägte Beziehungen zu den hochrangigen Global Cities der entwickelten Länder, weisen aber wenige Verbindungen untereinander und zu den gering entwickelten Ländern auf.
Während sich in der Global City moderne, international vernetzte wirtschaftliche Aktivitäten konzentrieren, sind die übrigen Gebiete dagegen oft nicht eingebunden und stagnieren mit traditioneller Wirtschaftsweise. In gering entwickelten Ländern werden durch die globale Einbindung bestehende räumliche Disparitäten z. T. verstärkt.

2.3 Wachstumspole

Der asiatisch-pazifische Raum in der Weltwirtschaft

Der asiatisch-pazifische Raum ist seit 150 Jahren Einflussgebiet der USA. 1853/54 erzwangen sie die Öffnung japanischer Häfen für Ausländer, 1898 lösten sie auf den Philippinen Spanien als Kolonialmacht ab. Der Sieg über Japan 1945, das von 1931 bis 1945 große Teile Chinas und Südostasiens erobert hatte, demonstrierte schon vor Korea, Formosa, Vietnam, Laos, Kambodscha und Nordkorea den bis heute andauernden Anspruch der USA, im asiatisch-pazifischen Raum als Groß- und sogar als globale Hegemonialmacht Einfluss nehmen zu wollen, trotz der neuen Wirtschafts- und Militärmacht China.
Mit der rasanten wirtschaftlichen Entwicklung und der Öffnung Chinas zur Weltwirtschaft entsteht im asiatisch-pazifischen Raum ein neues Kräfteverhältnis: China entwickelt sich in Konkurrenz zu den etablierten Großmächten USA und Japan sowie den kleineren Schwellenländern in Südostasien zum neuen *Global Player* und zur politischen Groß- und Ordnungsmacht. Myanmar, Laos und Kambodscha sind bereits enge Verbündete.

Ein potenzielles Problem bildet das Dreieck der Handelsbeziehungen zwischen Japan, China und den USA. 2009 verzeichnete China im Handel mit den USA einen Überschuss von 226,8 Mrd. US-$. Auch Japan wies ein Plus von 44,7 Mrd. US-Dollar aus. China ist für nahezu ein Viertel des gesamten amerikanischen Handelsdefizits verantwortlich.
Dies beunruhigt auch Japan, da Produkte japanischer Hersteller in China einen gehörigen Teil ihrer Exporte in die USA ausmachen. Ein solch trilateraler Handel bedeutet, dass Japan umso mehr von seinen beiden großen Märkten China und USA abhängig ist.
Seit dem Ende des Zweiten Weltkrieges hat sich Japan damit begnügt, in totaler Abhängigkeit von den USA zu leben. Das Ende der wirtschaftlichen Vorherrschaft der USA für Japan ist von historischer Bedeutung, nicht nur für Japan selbst.

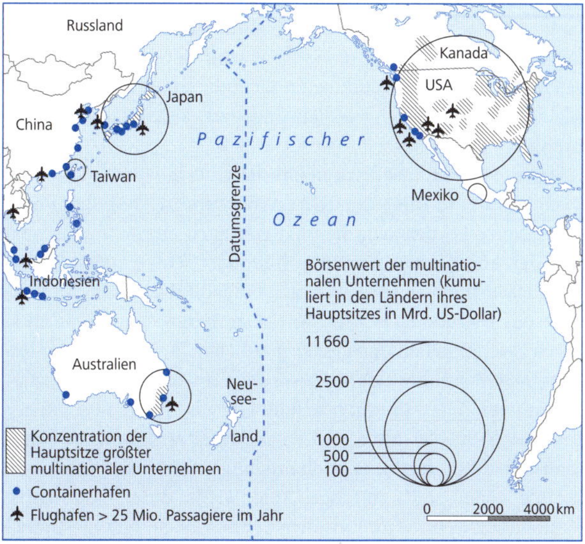

Der pazifische Raum

Wirtschaftsmacht Japan

Den 128 Millionen Japanern steht von der Landesfläche für Siedlung, Industrie, Infrastruktur und landwirtschaftliche Nutzung nur knapp ein Fünftel zur Verfügung. Das entspricht der Landesfläche von Bayern.

Der japanische Inselbogen mit fast 4000 Inseln liegt tektonisch am Ostrand der Eurasischen Platte, an der Nahtstelle zur Pazifischen und Philippinischen Platte. Über 200 Vulkane, darunter 36 tätige, sowie 12 000 heiße Quellen bestimmen das Landschaftsbild. Jährlich drohen weit über tausend Erd- und Seebeben. Das Relief ist zu 80 % gebirgig. Kulturland bieten daher nur die schmalen Küstenebenen und zahlreiche Buchten sowie mühsam terrassierte, erosionsbedrohte Hänge.

Die Klimaunterschiede reichen vom Ostseitenklima auf Hokkaido bis zu den Subtropen auf Kyushu. Entsprechend vielfältig sind auch die Wälder: 70 % der Fläche vom borealen Nadelwald über sommergrüne Laubwälder bis hin zu immergrünen Wäldern mit hohem Bambusanteil. Die schmalen Inseln mit ihren reich gegliederten Küsten bieten einen optimalen Zugang zum Meer mit reichen Fischgründen aufgrund günstiger Meeresströmungen.

Aufstieg zur wirtschaftlichen Großmacht: In Japan bestand bis 1868 ein streng hierarchisch regierter und nach außen abgeschlossener Feudalstaat, der sich erst nach dem von den USA und den anderen europäischen Kolonialmächten erzwungenen Handelsvertrag von 1854 widerstrebend öffnete. Nach Abschaffung des Feudalstaates 1868 bereiteten tiefgreifende Reformen den wirtschaftlichen und gesellschaftlichen Wandel vor. Der Reformprozess konnte sich auf zwei ganz unterschiedliche Gruppen stützen: Die Samurai brachten ethische Werte und strenge Erziehung ein, das hoch entwickelte Handwerk und die Kaufmannschaft sorgten für wirtschaftliche Dynamik und Kapital. So konnte Japan bereits im ausgehenden 19. Jh. durch Übernahme kapitalistischer Produktionsformen eine „nachholende“ Industrialisierung beginnen.

Die erste Industrialisierungsphase Japans dauerte bis 1945 und war begleitet von territorialer Expansion in Südostasien, bei der es dem aufstrebenden Inselstaat um eine Absicherung der Rohstoffbasis ging, insbesondere für die Schwerindustrie.
Die politischen Reformen nach 1945, wiederum auf Druck der USA, führten zu Demokratie und liberaler Marktwirtschaft. Der Wandel von einer feudalen Agrargesellschaft zur modernen Dienstleistungsgesellschaft erfolgte in nur knapp 150 Jahren.
Es begann mit der Textilindustrie auf der Grundlage vorhandener Seidenmanufaktur. Dann folgten Schwerindustrie, Schiffbau, Maschinen- und Fahrzeugbau bis hin zur Entwicklung und Fertigung heutiger Hochtechnologie. Die Phase der nachholenden Entwicklung ist längst überwunden. Japan entwickelte bereits 1962, also in der Wiederaufbau- und Hochwachstumsphase (1945–73), Hochgeschwindigkeitszüge (Shinkansen).
Japanische Produkte im Bereich Pkw, Optik, Elektronik, Telekommunikation und Computer gehören zu den führenden Marken auf dem Weltmarkt. Japan ist im Westpazifik der wichtigste politische und wirtschaftliche Partner der USA, baut aber auch seine Wirtschaftsbeziehungen mit China kräftig aus. Japanische Firmen nutzen seit dem Einsetzen der Globalisierung die billigen Löhne in China und anderen Staaten Südostasiens und verlagern arbeitsintensive Produktionen dorthin.

China auf dem Weg zur Weltwirtschaftsgroßmacht

Chinas Reformpolitik und Aufstieg nach 1979

Die Volksrepublik China, seit 1964 Atommacht und seit 1971 ständiges Mitglied im UN-Weltsicherheitsrat, hatte sich unter seinem kommunistischen Staatsgründer (1.10.1949) Mao Zedong (1893–1976) auf das Prinzip der „self-reliance“, d.h. auf die Entwicklung aus eigener Kraft, konzentriert und sich von der Weltwirtschaft fast ganz abgekoppelt; Außenhandel galt als Übel. Die Folgen waren für das Land katastrophal und mündeten in einen wirtschaftlichen Zusammenbruch.

Die **Öffnung Chinas** und sein wirtschaftlicher Aufstieg sind untrennbar mit den Reformen des Deng Xiaoping (1904 – 1997) verbunden: Deng propagierte 1978 vier Modernisierungen, die nacheinander Landwirtschaft, Industrie, Wissenschaft, Technologie sowie das Militär erfassen sollten. Die neue Wirtschaftspolitik begann mit der Befreiung der Landwirtschaft aus der Kollektivierung. Zwar blieb der Boden Gemeineigentum, und für Grundnahrungsmittel galten auch weiterhin staatlich festgesetzte Preise, aber die Bauern konnten jetzt auf eigene Rechnung und eigenes Risiko produzieren. In kürzester Zeit gab es überall Bauernmärkte mit reichem Warenangebot. Die privaten Einkünfte der Bauern lösten einen ländlichen Wirtschafts-, insbesondere Bauboom aus. Beschäftigte die ländliche Industrie 1978 erst 2,9 Mio. Arbeitskräfte, so waren es 2000 bereits 169 Mio.

Ab 1984 wurden Inländern private Wirtschaftsunternehmen erlaubt. Ab 1979 produzierten in zunächst vier **Sonderwirtschaftszonen** Gemeinschaftsunternehmen mit ausländischen Firmen, ab 1986 auch ausländische Tochterunternehmen.

Die Reformen in den Städten und insbesondere in der staatlichen Großindustrie wurden ebenfalls schrittweise vollzogen, brachten aber dennoch große Risiken und soziale Probleme.

Staatliche Unternehmen erwiesen sich wegen unzureichenden Managements, geringer Produktivität und der hohen sozialen Kosten für die Arbeiterschaft (Wohnen, Gesundheit, Renten) als nicht konkurrenzfähig in einer Marktwirtschaft neuer Prägung. Befreit von sozialistischer Planwirtschaft wächst die chinesische Volkswirtschaft.

Dazu tragen bei: die große Anzahl von Arbeitskräften, traditionelle chinesische Kreativität, niedrige Löhne, ein wachsender Binnenmarkt, steigende Exporte preisgünstiger Produkte sowie Kapital und Technologie aus Industrieländern. China ist auf dem Weg zur Marktwirtschaft und zur größten Exportnation. Politik und Gesellschaft unterliegen aber nach wie vor dem Führungsanspruch der Kommunistischen Partei.

Die wirtschaftliche Öffnung Chinas

Die wirtschaftliche Öffnung begann 1979 mit vier Sonderwirtschaftszonen in den Küstenprovinzen Guangdong mit direktem Kontakt zu Hongkong, Macau sowie Fujian. Die Sonderwirtschaftszone Shenzhen, inzwischen der zweitgrößte Containerhafen Chinas, entwickelte sich besonders rasch wegen günstiger Konditionen für ausländische Unternehmen. Die Ausweitung der Sonderzonen auf alle Küstenprovinzen und auf alle Provinzhauptstädte löste einen ungeheuren Investitionsschub aus.

Wirtschaftsgroßmacht China

Wandel im Zeitraffer: China ist mit über 1,3 Mrd. Menschen das bevölkerungsreichste Land der Erde und hat gegenwärtig die sechstgrößte Volkswirtschaft der Erde. Es ist inzwischen dank der enormen Steigerung seines Außenhandels zur größten Exportnation vor Deutschland und den USA aufgerückt. China verzeichnet, gemessen an den meisten Ländern der EU-27 eine

immense Dynamik und steht zurzeit weltweit im Mittelpunkt des wirtschaftlichen, aber auch des gesellschaftlichen Interesses. China durchläuft in einer Generation eine Entwicklung, für die Westeuropa fast 200 Jahre benötigte: von der Agrar- zur Industriegesellschaft, Landflucht und Verstädterung, Umbau zur Marktwirtschaft, demographische Probleme, Aufbau sozialer Sicherungssysteme und Öffnung zu einer globalen Informations- und Wissensgesellschaft.
Als besonderer Wachstumspool erweist sich Schanghai, das zur Weltmetropole des 21. Jahrhunderts, zur Finanzzentrale und zum größten modernen Industriestandort mit größtem See- und Flughafen werden soll.
China befindet sich noch in der nachholenden Entwicklung, die auf Transfer von Knowhow und Kapital aus dem Ausland angewiesen ist. Aber als alte Kulturnation mit reicher Tradition wird China auch den Anschluss an die Wissensgesellschaft schaffen. Insgesamt ist China noch kein reiches Land, aber es gibt bereits eine kaufkräftige Mittelschicht von etwa 300 Millionen Chinesen, und seit den 1979 begonnenen Wirtschaftsreformen konnten rund 400 Millionen aus der Armut heraus und in ein menschenwürdigeres Leben geführt werden. Anzumerken ist allerdings, dass die Veränderungen der Wirtschafts- und Sozialstruktur erst durch riesige Investitionen des chinesischen Staates ermöglicht wurden, die im Voraus getätigt wurden.

Das Bevölkerungsproblem: China hat seit 1979 eine strikte Ein-Kind-Familienpolitik mit harten Sanktionen und sehr langer Frist für Abtreibung erfolgreich durchgesetzt.
Dabei hat der Wunsch nach einem Sohn zu verstärkter Abtreibung weiblicher Föten geführt. Dies soll jetzt unter Strafe gestellt werden, weil ein Ungleichgewicht der Geschlechter droht.
Wegen der gewünscht niedrigen Geburtenrate droht außerdem eine Überalterung der Gesellschaft wie in einigen Industriestaaten (z. B. Deutschland oder Belgien). Bereits heute ist jeder zehnte Chinese über sechzig, 2030 wird jeder vierte und 2050

sogar jeder dritte über sechzig sein. Neueste Regelungen sehen daher vor, dass Eheleute zwei Kinder haben dürfen, wenn beide Elternteile nachweislich Einzelkinder sind, und dass Frauen über 35 Jahren ein zweites Kind bekommen dürfen.

Soziale und Umweltprobleme

Das wirtschaftliche Wachstum hat die Gegensätze ungeheuer verstärkt. In den Städten begegnen sich extremer Luxus und bittere Armut. Auch die ländliche Bevölkerung ist nach anfänglichem Aufschwung hinter der allgemeinen Entwicklung zurückgeblieben. Bauernproteste, die sich auch gegen die weit verbreitete Korruption örtlicher Parteikader richten, nehmen zu.

Gravierender aber als die regionalen Disparitäten sind die sozialen Unterschiede in den Wachstumsregionen selbst, wo die Einkommensschere immer weiter auseinanderklafft.

Besonders benachteiligt sind die Wanderarbeiter, deren Zahl man auf 200 Millionen schätzt und die oft ohne rechtliche Absicherung bei Krankheit oder Arbeitsunfällen in der Produktion von Massen- und Billigwaren für den Export schuften.

Der Vizeminister und Direktor der Umweltschutzbehörde äußerte sich in einem Interview: Wachstum ohne Rücksicht auf die Natur führe in die Katastrophe. Ein Drittel aller Städte leide unter starker Luftverschmutzung. Kulturland sei von Desertifikation bedroht, die Flüsse seien stark verschmutzt. Langfristig würden Umweltschäden sämtliche Ergebnisse der wirtschaftlichen Entwicklung aufheben. Ein westlicher Lebensstil für alle Chinesen sei nicht möglich.

China hat zwar inzwischen eine nationale Klimastrategie vorgelegt, beruft sich aber darauf, die Wachstumsinteressen der eigenen Volkswirtschaft nicht vernachlässigen zu dürfen. Vorrangiges Ziel sei es, die wirtschaftliche und soziale Entwicklung voranzutreiben sowie die Armut zu bekämpfen. Damit verhalte sich China nicht anders als die anderen Schwellenländer.

Weltwirtschaftsmacht USA

Der mächtigste Staat der Welt. Die USA sind nicht nur die größte Wirtschaftsmacht, sondern auch die bei weitem größte Militär- und Atommacht sowie Raumfahrtnation der Erde, ständiges Mitglied mit Vetorecht im Weltsicherheitsrat und bestimmende Macht im größten Militärbündnis, der NATO.

Die USA sind Standort der größten global agierenden Konzerne sowie der weltweit wichtigsten Börsen. Die stärkste Siegermacht des Zweiten Weltkrieges wurde Sitz der UNO, des Internationalen Währungsfonds (IWF) sowie der Weltbankgruppe, und der US-Dollar wurde die Leitwährung der Welt, in der die meisten internationalen Geschäfte abgewickelt werden.

Als führender Industriestaat verfügen die USA zusammen mit dem eng verbundenen Nachbarn Kanada über reiche Bodenschätze und eine sehr differenzierte Wirtschaftsstruktur mit deutlichem Schwerpunkt im Dienstleistungsbereich. Das Wirtschaftssystem setzt auf freie Marktwirtschaft mit hoher Flexibilität und Innovationskraft, die besonders durch eine enge Verflechtung von Wirtschaft und Wissenschaft gefördert wird. Dem hohen Rang der Eigeninitiative, Flexibilität und Mobilität in der Bevölkerung entspricht ein wenig entwickeltes System öffentlicher Fürsorge und sozialer Leistungen.

Die USA profitieren wirtschaftlich und gesellschaftlich vom Zustrom ausländischen Kapitals sowie dem internationalen „brain drain“ durch Wissenschaftler aus aller Welt, die in den USA bessere Arbeits-, Einkommens- und Lebensbedingungen als in ihren Heimatländern vorfinden.

Die USA sind traditionell aufgrund ihrer vielfältigen und großflächig guten natürlichen Bedingungen sowie der hocheffizienten und technisierten Landwirtschaft auch das wichtigste Land auf dem Welt-Agrarmarkt, obwohl sich die Zahl der Farmen in nur 54 Jahren mehr als halbiert hat (1950 gab es 5,38 Mio. Farmen, 2009 noch 2,2 Mio. Die durchschnittliche Farmgröße hat von 88 ha (1950) auf 169 ha (2007) zugenommen.

Der hohe Lebensstandard ist gekoppelt an eine hohe öffentliche

Verschuldung und einen gewaltigen Importüberschuss mit einer negativen Handelsbilanz. Dabei werden die USA aufgrund der Größe ihres Binnenmarktes von außenwirtschaftlichen Faktoren weniger beeinflusst, als sie ihrerseits die wirtschaftliche Entwicklung in der übrigen Welt beeinflussen. Die Ausfuhren von Waren und Dienstleistungen machen hier nur 10 % des Bruttoinlandsprodukts aus, während der entsprechende Anteil in Deutschland zum Beispiel rd. 35 % beträgt und in kleineren Ländern noch viel höher ist. Beim Einfluss der USA auf die Weltwirtschaft verhält es sich genau umgekehrt: Rd. ein Viertel des Weltsozialprodukts entstehen in den USA, und sie gehören auch gemessen am Beitrag zum Welthandel zu den führenden Nationen (2009 Wareneinfuhr im Wert von 1 575 Mrd. US-$ und Warenausfuhr im Wert von 1 068 Mrd. US-$).

Bei einzelnen Produkten ist der amerikanische Weltmarktanteil besonders ausgeprägt, so etwa bei zahlreichen landwirtschaftlichen Gütern (Getreide, Fleisch), Tabak und Tabakwaren, Papier, Flugzeugen, medizinischen Apparaten, Datenverarbeitungsgeräten und auch bei einigen Sparten des Maschinenbaus (landwirtschaftliche Maschinen). Doch noch dominierender als auf den Warenmärkten ist die Position der USA auf dem Dienstleistungsmarkt. 2009 machte der Export von Dienstleistungen 502 Mrd. US-$ aus.

Wandel in Wirtschaft und Gesellschaft der USA

Die traditionellen Vorstellungen von den USA als einem „Schmelztiegel der Nationen“ sind ebenso überholt wie das Bild vom „American Way of Life“. Umbrüche in der Gesellschaft haben zu einer starken Fragmentierung geführt, Lebens- und Arbeitswirklichkeit verlaufen differenzierter ab als in überholten Klischees. Sie schaffen Raumveränderungen, die Wanderungsbewegungen und Standortverlagerungen von Industrie und Dienstleistern (Rust Bowl, Sunbelt, Informationsgesellschaft) umfassen. Die räumliche Mobilität äußert sich in häufigem Wohnungswechsel, der Bereitschaft, im Winter den wärmeren Süden

vorzuziehen (Rentnerstädte im Süden, Mobile Homes) und große Strecken mit Pkw oder Flugzeug zurückzulegen mit der Folge, dass die öffentlichen Verkehrsmittel verkümmern.
Neben der Bevölkerungszusammensetzung und -verteilung spielen Altersstruktur (Durchschnittsalter aller US-Amerikaner 34,5 Jahre, 26 % unter 18 Jahren) und Einkommensspektrum eine wichtige Rolle (durchschnittliches Einkommen aller Haushalte 49 777 US-$ 2009, unter der Armutsgrenze 14,3 % = 43,6 Mio.). Die soziale Mobilität wird durch eine amerikanische Eigenart bestimmt, die von dem in der Verfassung verankerten Recht des Einzelnen, nach Glück zu streben, ausgeht. Nur so ist das aus europäischer Sicht unterentwickelte Sozialsystem zu verstehen, das kein Recht auf soziale Absicherung beinhaltet und 10 % aller Amerikaner ohne Krankenversicherung lässt. Der mögliche schnelle soziale Aufstieg (ebenso wie schneller Abstieg) lässt die ungleiche Einkommens- und Vermögensverteilung als kleineres Problem erscheinen.
Die Vielfalt der USA äußert sich ferner in einer differenzierten Unternehmensstruktur: Während die größten Unternehmen wie Exxon Mobil, WalMart, Microsoft, General Electric, Intel oder Boeing als Global Player tätig sind, gibt es mehr als 3,2 Mio. Unternehmen (von ca. 4,7 Mio.), die weniger als 500 000 $ Umsatz jährlich erwirtschaften.

Erwerbstätige nach Wirtschaftsbereichen in % 2009 (Deutschland in Klammern)

Wirtschaftssektoren	Land-, Forstwirtschaft, Fischerei	Produzierendes Gewerbe	Dienstleistungen
Arbeitskräfte	0,7 (2,2)	20,3 (24,9)	79 (73)

Die von den USA Mitte 2007 ausgelöste Immobilienkrise mündete 2008/09 in eine weltweite Banken- und Finanzkrise, die auch die US-Wirtschaft in eine Rezession führte. Insbesondere die Autofirmen General Motors und Chrysler standen vor der Insolvenz.

2.4 Knappheit in einer globalen Welt

Bevölkerungswachstum und Tragfähigkeit der Erde
Zu Christi Geburt bewohnten ca. 160 Millionen Menschen die Erde. Am 1. Juli 2009 waren es bereits 6,8 Milliarden, davon lebten 82 Prozent in Entwicklungs- und Schwellenländern. 97 % des Bevölkerungswachstums findet in den weniger entwickelten Ländern statt. Die Wachstumsrate erreichte von 1950 bis 1980 mit 2,23 Prozent jährlich ihren Höhepunkt und ging von 1980 bis 2009 leicht auf 1,76 Prozent zurück. Das stärkste Wachstum wies in den vergangenen dreißig Jahren trotz der Aids-Epidemie Afrika mit 2,55 % jährlich aus, gefolgt von Asien mit 1,56 %. Europa verzeichnet nur 0,19 % Zuwachs pro Jahr.
Der Zeitraum von einer Milliarde zur nächsten hat sich im 20. Jahrhundert ebenso drastisch verringert wie der Verdopplungszeitraum. Die Bevölkerungsexplosion hat ihre Ursachen im Wesentlichen in einer verbesserten Gesundheitsvorsorge, einer zurückgehenden Säuglings- und Kindersterblichkeit sowie einer höheren Lebenserwartung. Steigt die Weltbevölkerung bis 2050 um 2,3 auf 9,1 Milliarden, entspricht die Zunahme der heutigen Bevölkerungszahl von China und Indien zusammen.

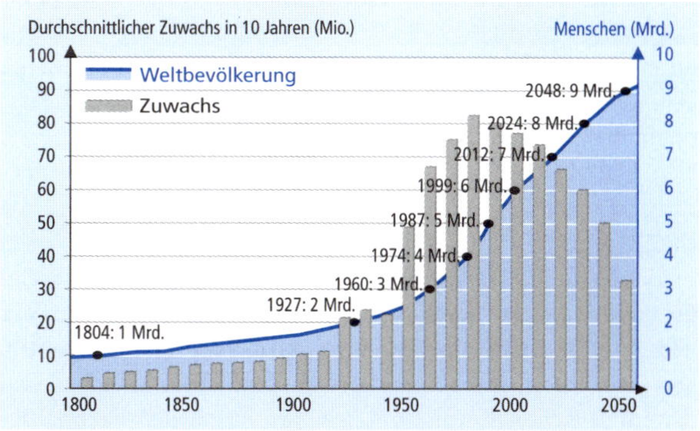

Historische und zukünftige Entwicklung der Weltbevölkerung

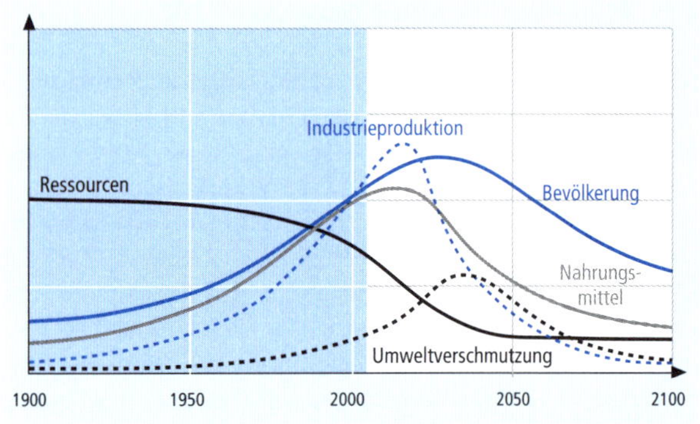

Meadows: Grenzen des Wachstums – Ende 20. Jahrhundert

Als Tragfähigkeit definiert man das Verhältnis zwischen Bevölkerungszahl, Eigenschaften des Naturraumes sowie den sozialen, kulturellen und räumlichen Organisationsformen.
1798 kam Thomas Robert Malthus („Essay on the Principle of Population" [Das Bevölkerungsgesetz]) zu dem Schluss, dass die Erde mit damals einer Milliarde Menschen bereits übervölkert sei. Er ging davon aus, dass die Bevölkerung exponentiell wachsen würde, d. h. nach geometrischem Muster entsprechend der Zinseszinsformel (1-2-4-8.). Das Nahrungsmittelangebot stiege nur wie eine Gerade in arithmetischer Progression (1-2-3-4). Damit drohe eine Bevölkerungsfalle mit Massenelend, Hungersnöten und einer Reduzierung der Bevölkerung.
Neo-Malthusianer berufen sich heute wieder auf das Bevölkerungsgesetz und sehen einen ökologischen Kollaps auf die Erde zukommen. In der Vergangenheit stiegen jedoch in manchen Regionen der Erde Nahrungsmittel-, Industrie- und Energieproduktion stärker als die Bevölkerungszahl. Aber schon 1972 wies der „Club of Rome" auf die Grenzen des Wachstums hin. Das 30-Jahre-Update fordert nach der landwirtschaftlichen und der industriellen Revolution eine Revolution der Nachhaltigkeit.

Problemkreis Wasser

Zugang zu sauberem Trinkwasser gilt wie das Recht auf Nahrung als menschliches Grundrecht. Wasser ist neben Luft unabdingbare Grundlage menschlichen Lebens, Arbeitens und Wirtschaftens, aber ebenso Lebensgrundlage für Pflanzen und Tiere, also auch für die Nahrungsproduktion. Ein UN-Milleniumsziel ist daher, bis 2015 den Anteil der Menschheit ohne Zugang zu sauberem Trinkwasser zu halbieren.

Weltweit liegt dieses Ziel noch in weiter Ferne. Nach einem Bericht der UNESCO von 2005 leiden 2 Mrd. Menschen in 40 Staaten unter Engpässen in der Wasserversorgung. 1,1 Mrd. Menschen haben keinen Zugang zu sauberem Trinkwasser und 2,4 Mrd. verfügen nicht über ausreichende sanitäre Anlagen. Die Prognose geht davon aus, dass 2050 ein Viertel der Menschen in Staaten ohne ausreichende Wasserversorgung leben wird.

In den meisten Industrieländern gehört Trinkwasser zu den am besten kontrollierten Nahrungsmitteln. In vielen Entwicklungsländern muss sich etwa die Hälfte der Bevölkerung mit unsauberem Trinkwasser begnügen – Ursache von Krankheiten und Todesfällen. Während heute etwa 1,7 Mrd. Menschen in Ländern mit Wasserstress leben, wird erwartet, dass bis 2035 etwa 5 Mrd. Menschen von Wassermangel betroffen sind. Dabei geht man von geringem Wasserstress aus, wenn bis zu 20 % der erneuerbaren Wasserressourcen genutzt werden, mittlerer Wasserstress liegt vor bei einer Nutzung von 20 bis 40 %, strenger Wasserstress tritt auf, wenn mehr als 40 % der verfügbaren Wasserressourcen genutzt werden.

Die Wasserknappheit wird sich nicht zuletzt durch die anhaltende Landflucht in weiten Teilen der weniger entwickelten Länder des Südens und durch die Konzentration der Bevölkerung in den sogenannten Megastädten verschärfen. Im Jahre 2020 werden von den 33 Megacities mit über 8 Millionen Einwohnern 27 in Ländern des Südens liegen.

In der regionalen Verteilung des Wassers gibt es große Diskrepanzen. Während eine kleine Anzahl von Ländern über 60 % der

Süßwasserreserven verfügt, müssen 60 % der Weltbevölkerung – das sind so viel Menschen, wie in Asien leben – mit 30 % des Süßwassers auskommen. In einem Dreieck, das sich von Tunesien bis nach Pakistan und in den Sudan erstreckt, ist der Wassermangel strukturell. Pro Kopf und Jahr stehen hier einschließlich des agrarischen Nutzwasserverbrauchs durchschnittlich weniger als 1000 Kubikmeter Süßwasser zur Verfügung, weshalb man dort auch von „chronischem Wassermangel" spricht, denn bereits bei <1700 m^3/Kopf und Jahr liegt „Wasserknappheit" vor, und bei <1000 m^3/Kopf und Jahr besteht „chronischer Wassermangel", erst recht unter ariden Klimaverhältnissen.
Der Zugang zu Wasser wird zu einem politischen Konflikt, wenn in Räumen mit Wasserknappheit verschiedene Staaten vom Wasserangebot eines Flusses oder zweier Flüsse abhängen, aber unterschiedliche Anteile an seinem Einzugsgebiet haben.
Das größte Problem stellt die Entnahme von Bewässerungswasser am Oberlauf dar, das dann den Anrainern am Unterlauf zur Nutzung entzogen wird. Solche Konfliktfälle gibt es in den Regionen des Nils, des Jordans sowie des Euphrats und Tigris, denn das Wasser von Nil, Jordan, Euphrat und Tigris ist für die Anrainerstaaten (z. B. Ägypten, Syrien, Irak, Israel) dieser Flüsse von existenzieller und damit auch von politischer Bedeutung.

Staudämme: Weltweit werden mehr als 40 000 Staudämme betrieben, zur Energiegewinnung, zur Bewässerung und zum Hochwasserschutz. Die Anlage von Stauseen ist mit tiefen Eingriffen in den Naturhaushalt verbunden und häufig auch mit der Aufgabe von Kultur- und Siedlungsland. Aber noch in der Zeit der Dekolonisation in den 1960er-Jahren galten Staudammprojekte als Beitrag der selbstständig gewordenen Staaten, Entwicklungsprobleme selbst zu lösen. Spätestens seit den 1970er-Jahren sind entsprechende Projekte in die Kritik geraten, da die ökologischen Schäden unübersehbar wurden. Auch die internationalen Geldgeber sind seit ca. 1990 zurückhaltender geworden.

Weltenergiekonsum – ein Umweltproblem

Über Jahrtausende hat der Mensch seinen Energiebedarf fast ausschließlich aus regenerativen Quellen gespeist: aus Wasser und Windkraft und vor allem aus Holz. Dieser „Energieverbrauch" bedeutete keinen wesentlichen Eingriff in den Naturhaushalt, denn der aus der Luft durch Assimilation gebundene Kohlenstoff wird durch Atmung, Gärung und Verwesung ebenso wie durch Verbrennung als Kohlenstoffdioxid wieder der Atmosphäre zugeführt. Mit der Industrialisierung setzte die intensive Nutzung fossiler Energieträger ein und damit ein neues Zeitalter im Kohlenstoffhaushalt der Natur.

> Primärenergie: die in der Natur vorkommenden Energieträger
> Sekundärenergie: umgewandelte Primärenergieträger
> Endenergie: die vom Verbraucher genutzte Energie

Kohlenstoffdioxid:

Im Laufe der Erdgeschichte wurde durch Photosynthese mithilfe von Sonnenenergie der Kohlenstoffdioxidgehalt der Luft auf etwa 0,03 Volumenprozent (Vol.-%) abgesenkt und der Anteil an Sauerstoff auf etwa 23 Vol.-% erhöht. Der Kohlenstoff in der Biosphäre ist fast völlig anorganisch gebunden, davon über 99 % in Sedimenten (Carbonatgesteinen), der Rest ist in Wasser gelöst oder gasförmig als CO_2 in der Atmosphäre enthalten.

Der organisch gebundene Teil von 0,05 % des Kohlenstoffs ist zu zwei Dritteln in fossilen Lagerstätten als Primärenergieträger wie Torf, Kohle, Erdöl und Erdgas und zu einem Drittel in lebender oder toter Biomasse gebunden.

Jährlich werden 6–7 % des CO_2 aus Atmosphäre und Oberflächenwasser durch Photosynthese organisch gebunden, wovon allerdings ein Drittel durch Pflanzenatmung direkt wieder abgegeben wird und zwei Drittel in die Nahrungskette gelangen.

Wird nun mehr CO_2 durch Verbrennung freigesetzt als durch Photosynthese gebunden, so erhöht sich der CO_2-Gehalt der Atmosphäre und der O_2-Gehalt sinkt.

Energieträger

Primärenergie		Sekundärenergie
Fossile Energieträger		
Kohle	→	Briketts, Koks, Gas, Strom
Erdöl	→	Treibstoff, Strom, Heizdampf
Erdgas	→	Heizdampf, Strom
Uran	→	Heizdampf, Strom
Regenerative Energieträger		
Holz, Torf	→	Holzkohle
Wasserkraft	→	Strom
Gezeiten	→	Strom
Windkraft	→	Strom
Sonnenstrahlung	→	Strom
Erdwärme	→	Strom
Biomasse	→	Biogas, Strom

In der aktuellen Biomasse gleichen sich Produktion und Verbrauch von Sauerstoff durch Assimilation und Zersetzung aus. Der Anbau von Biomasse zur Energiegewinnung ist also CO_2-neutral. Andererseits sind die Wälder der Erde ein großer CO_2-Speicher. Brandrodung erhöht also den CO_2-Gehalt der Atmosphäre, Aufforstungen würden den Naturzustand wiederherstellen. Unzweifelhaft erhöht der seit 1900 enorm gestiegene Verbrauch fossiler Energieträger den CO_2-Gehalt der Atmosphäre, verändert damit den Treibhauseffekt und unser Klima.

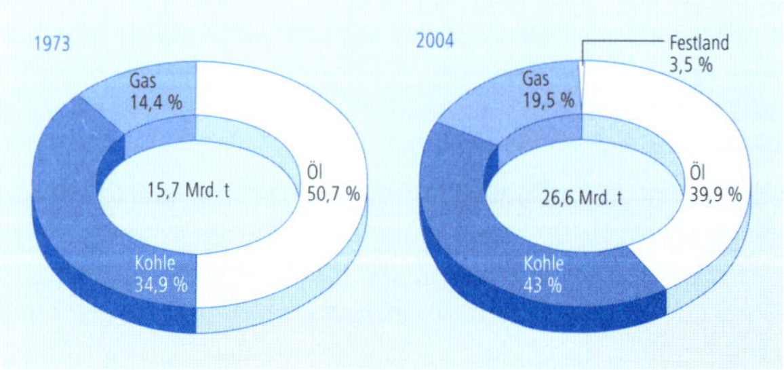

Anteil der energiebedingten CO_2-Emissionen

Energieverbrauch: Ein Blick aus dem Weltraum auf die Nachtseite der Erde zeigt es: Die wohlhabenden Zentren strahlen als Lichtermeere, unterentwickelte Räume sind in Dunkel gehüllt. Die materiell reichste Nation der Erde leistet sich den weitaus höchsten Energieverbrauch pro Kopf. Das schnelle Wachstum des materiellen Wohlstandes in China hat eine gigantische Nachfrage nach Energie zur Folge. Wohlstand und Lebensqualität scheinen in der globalen Weltgesellschaft unauflösbar mit einem hohen Energieverbrauch gekoppelt zu sein.

Seit der Industrialisierung ist die Energieerzeugung an fossile Energieträger gebunden, zunächst an Kohle, dann zunehmend an Erdöl und Erdgas. Die Tatsache der grundsätzlichen Endlichkeit fossiler Energie und die Belastung der Atmosphäre mit Treibhausgasen zwingen zu einer neuen Energiewirtschaft.

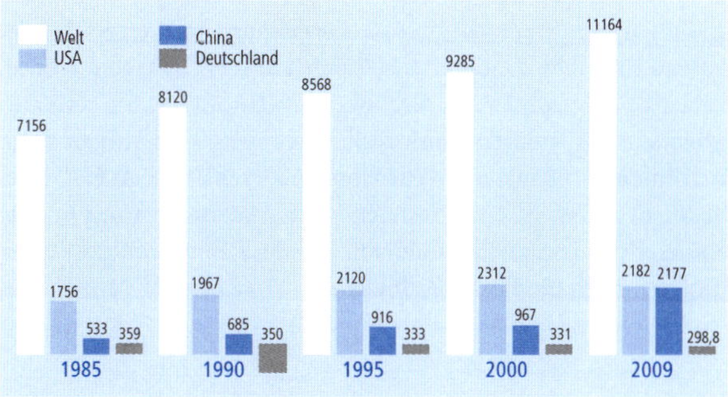

Energieverbrauch in Mio. t Öläquivalent

Die Atomenergie scheint aus Gründen der Sicherheit und Endlagerung nur eine Episode zu bleiben, zumal Uran auch ein sehr begrenzter Rohstoff ist.

Die alternativen oder regenerativen Energielieferanten Wasser, Wind, Sonne und Biomasse lösen das CO_2-Problem, können aber bis jetzt die fossilen Energieträger nicht ersetzen. Unmittelbar umsetzbar und wirksam wären vorhandene Techniken zur Erhöhung der Energieeffizienz.

Damit würden sofort mehrere Ziele erreicht: Schonung der Ressourcen, Reduzierung des CO_2-Ausstoßes und wissenschaftlich-technische Innovationen.

Klimawandel: Die Tatsache eines Klimawandels ist naturwissenschaftlich nicht mehr umstritten. Strittig ist nur noch, wie weit es sich auch um natürliche Klimaschwankungen handelt und welches Ausmaß der anthropogene Beitrag hat. Alle Klimamodelle gehen von einer Erwärmung der Atmosphäre und der Weltmeere aus. Dies bewirkt eine Verschiebung der Klimazonen und Höhenstufen mit einem Rückgang der Gletscher sowie einen Meeresspiegelanstieg und die Zunahme von tropischen Wirbelstürmen. Auch Veränderungen in der jahreszeitlichen und regionalen Niederschlagsverteilung werden erwartet.

Klimaforscher fordern deshalb eine weltweite Begrenzung der CO_2-Emissionen auf maximal drei Tonnen CO_2 pro Kopf. Nur so ließen sich, wenn die globale Erwärmung im Vergleich zum vorindustriellen Zeitalter um höchstens 2 °C steigen würde, katastrophale Folgen des Klimawandels zumindest teilweise begrenzen. Die Industrieländer, allen voran die USA, haben die 3-Tonnen-pro-Kopf-Schwelle längst überschritten. Auch China produziert wegen seines raschen Wirtschaftswachstums bereits zuviel CO_2. Lediglich Indien und andere Entwicklungsländer besitzen noch ein hohes Potenzial.

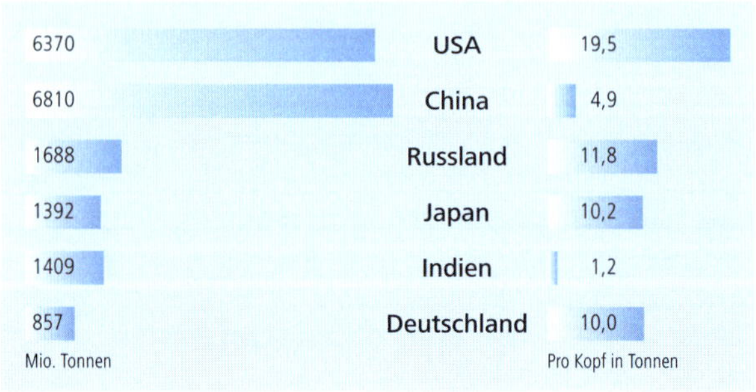

Energiebedingte CO_2-Emissionen 2008

Problemkreis Ernährung, Armut und Hunger

Menschenrecht auf Nahrung: Die UN-Erklärung der Allgemeinen Menschenrechte von 1948 gewährt in Artikel 25 jedem Menschen „das Recht auf einen Lebensstandard, der seine und seiner Familie Gesundheit und Wohl gewährleistet, einschließlich Nahrung…“. In der Abschlusserklärung des Welternährungsgipfels 1996 in Rom ist das Recht eines jeden Menschen auf angemessene Nahrung und darauf, frei von Hunger zu sein, bekräftigt. In einem Aktionsplan sollten die Inhalte des Rechtes auf Nahrung und die entsprechenden Staatenpflichten geklärt werden. Zunächst stand aber nur die Ernährungssicherheit zur Diskussion, weil etliche Staaten fürchteten, dass ein Recht auf Nahrung die Position der Hungernden auch gegen die eigene Regierung stärken könne. Nach zähen Verhandlungen nahm 2004 die FAO (Food and Agricultural Organization der UN, 174 Mitgliedsländer) dann doch die „Freiwilligen Leitlinien zum Recht auf Nahrung“ an.

Armut und Hunger: „Die Armut kommt von der großen Povertät“ – mit diesen Worten beschrieb Fritz Reuter im 19. Jahrhundert die Situation der Landbevölkerung in Mecklenburg. Heute leiden etwa 1 Mrd. Menschen an Hunger und etwa gleich viele sind sehr gut bis überernährt.

Robert Malthus, englischer Nationalökonom, hat 1798 die These propagiert, dass die Bevölkerung exponentiell wachsen werde, die Nahrungsmittelproduktion aber nur linear gesteigert werden könne. Angesichts des starken Bevölkerungswachstums in Europa seit dem Ende des 18. Jahrhunderts und der Hungersnöte infolge von Missernten wegen ungünstiger Witterung schien die Tragfähigkeit der Erde erreicht zu sein. Damals unvorstellbare Fortschritte in der landwirtschaftlichen Produktion haben diese These widerlegt, wenngleich die Tragfähigkeit wegen der Endlichkeit der Ressourcen dennoch begrenzt erscheint.

Der mittlere Tagesbedarf eines Menschen beträgt etwa 2500 kcal und 70 g Eiweiß. Ein kg Getreide enthält rd. 3000 kcal und 100 g Eiweiß.

Die im Jahre 2000 von der UNO geschätzte Weltgetreideernte von 348 kg/Einwohner hätte demnach schon den weltweiten Bedarf für alle Menschen gedeckt.
Das Hungerproblem auf der Welt ist also gegenwärtig kein landwirtschaftliches Produktionsproblem, sondern ein Armutsproblem. Armut und Hunger sind in allen Gesellschaften eng miteinander gekoppelt. Etwa 80 % der Hungernden leben in ländlichen Gebieten der Entwicklungsländer. Aber auch in reichen Ländern zeugen der Zulauf bei Suppenküchen und sogenannte Tafeln von Armut und Unterernährung.
Formen der Agrarwirtschaft: Die Landnutzung wird heute weltweit durch drei Hauptformen geprägt: Eine hoch technisierte, spezialisierte, sehr ertragreiche und effiziente Agrarwirtschaft, die immer weniger Arbeitskräfte beschäftigt, hat sich in den Industrieländern entwickelt und dringt zunehmend in einige Schwellenländer wie Brasilien vor. Ebenso ertragreich, aber arbeitsintensiv und erst am Anfang der Technisierung ist die hoch entwickelte Bewässerungslandwirtschaft in China, Japan und Ländern Südostasiens. Wenig ertragreich, sehr arbeitsintensiv und oft ineffizient ist dagegen die Subsistenzwirtschaft in den wenig entwickelten Regionen der Erde.
Ohne alternative Einkommensmöglichkeiten und ohne soziale Sicherungssysteme ist dann der Zugang zu Land eine Frage des Überlebens. Agrar- und Welthandelspolitik tragen zu diesem Dualismus zwischen entwickelter Agrarwirtschaft und stagnierender Subsistenzwirtschaft bei. Die Preise für Agrarerzeugnisse sind meist deutlich hinter der übrigen Preisentwicklung zurückgeblieben. Die Terms of Trade haben sich weltweit für alle Bauern negativ entwickelt.
Ländliche Räume bleiben oft in der Entwicklung zurück, weil „man-power", Kaufkraft und Investitionskapital in Ballungsräume abfließen und Agrarreformen aus politischen Gründen verhindert werden. Industrieländer schützen ihre heimische Landwirtschaft durch Subventionen, Länder, die auf den Export von Agrarprodukten angewiesen sind, werden behindert.

Europa und die europäische Integration

3.1 Geographische, historische und politische Grundlagen

Grenzen und ihre Raumwirksamkeit

Europa ist kein eigenständiger Kontinent, sondern bildet zusammen mit der asiatischen Landmasse den Erdteil *Eurasien*. Von außen betrachtet wird Europa heute als dicht besiedelter Erdteil mit urbaner Bevölkerung, industrieller Produktion, hocheffizienter Landwirtschaft und einem stark ausgeprägten Dienstleistungssektor wahrgenommen.

> **Europa:** Name abgleitet von dem phönizischen Wort „ereb" (dunkel, Sonnenuntergang)
> **Fläche:** 10 Mio. km² bis zum Ural; 6,6 Mio. km² Festland, 3,5 Mio. km² Inseln und Halbinseln; Ausdehnung: Nord-Süd 4000 km, West-Ost 4600 km; Küstenlinie 48 000 km

Die **Außengrenzen** sind im Norden, Westen und Süden leicht zu bestimmen: durch das Nordpolarmeer, den Atlantischen Ozean und das Mittelmeer. Die Ostgrenze verläuft über das Uralgebirge, den Uralfluss, das Kaspische Meer, das Schwarze Meer, den Bosporus, das Marmarameer und die Dardanellen. Der Ural galt seit den Bemühungen Peters des Großen im 18. Jh., Russland zu europäisieren, als „natürliche" Ostgrenze Europas. Nach der hier definierten Grenzziehung gehört auch ein kleiner Teil des westlichen Kasachstans zu Europa, obwohl das Land politisch und kulturell Asien zugeordnet wird.

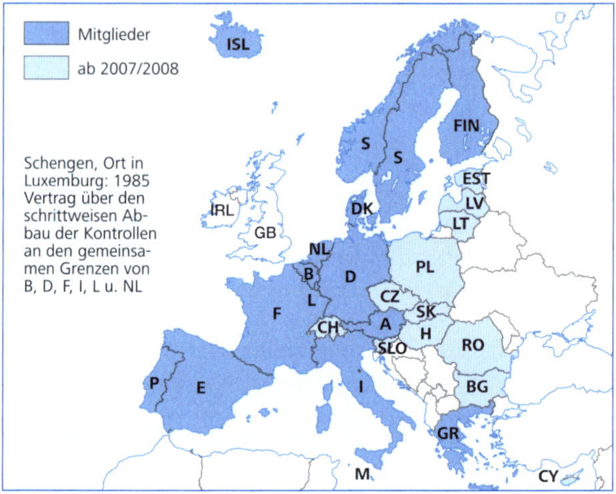

Europa der offenen Grenzen – der Schengen-Raum: systematische Kontrolle nur noch an den Außengrenzen

Bereits im 5. Jh. v. Chr., zur Zeit der Auseinandersetzungen zwischen Griechen und Persern, empfand man die Dardanellen als die Grenze zwischen Asien und Europa.

Natürliche Grenzen sind in Europa trotz der Vielfalt von Hochgebirgen, Tief-, Berg- und Hügelländern sowie dazwischenliegenden Becken und Senken als scharfe Trennungslinien kaum vorhanden. Allerdings hinterließ der Eiserne Vorhang, der nach dem Zweiten Weltkrieg Europa politisch, wirtschaftlich und militärisch zweiteilte, bis heute seine Spuren.

Innere Trennungslinien wie **Konfessionsgrenzen** zwischen Protestanten und Katholiken haben bis auf wenige Ausnahmen (z. B. Nordirland) ihre Bedeutung verloren. Nicht jedoch auf dem Balkan: Religiöse und ethnische Konflikte mündeten hier in kriegerischen Auseinandersetzungen, führten zum Zerfall des Vielvölkerstaates Jugoslawien und zur Bildung neuer **nationalstaatlicher Grenzen**.

Die EU dagegen ist ihrem Ziel eines „Europas ohne Grenzen“ (gemeint sind die Grenzen zwischen den Mitgliedsstaaten, nicht die Außengrenze) beträchtlich näher gekommen. Dazu tragen auch die grenzüberschreitenden Kooperationen in einzelnen EU-Regionen bei.

Naturräumliche Gliederung Europas

An einen über 4 Mrd. Jahre alten Urkontinent (Ur-Europa) gliederten sich verschiedene alte Teile an, u. a. der Baltische Schild und die Russische Tafel. Nordeuropa entstand durch die kaledonische, Mitteleuropa durch die variskische Gebirgsbildung. Die alpidische Gebirgsbildung im Süden Europas setzt sich bis in die Gegenwart fort. Nach den Oberflächenformen haben sich vier Großräume herausgebildet.

Gebirgs- und Seenlandschaften in Nord-/Nordwesteuropa

Das bis 2 500 m hohe Kaledonische Gebirge durchzieht Skandinavien und findet seine Fortsetzung auf den Britischen Inseln. Bis zu 2 000 m mächtige Inlandseismassen schufen das heutige Relief. Die Ostsee ist das Ergebnis des Gletscherabschmelzens und des nacheiszeitlichen Meeresspiegelanstiegs. Klimatisch besteht ein starkes Gefälle von Nord nach Süd, von der subpolaren Klimazone im hohen Norden bis zur gemäßigten Zone mit maritimem Klimatyp im Westen und kontinentalem Klimatyp im Osten. Die Vegetationszone der Tundra geht nach Süden in den borealen Nadelwald über.

GEBIRGSBILDUNG IN EUROPA

Kaledonisches Gebirge (von lat. Caledonia für Nordschottland), vor 570 Mio. Jahren bis vor 420 Mio. Jahren

Variskisches Gebirge (nach Volksgruppe der Varisker, die früher in Hof/Bayern siedelten), auch erzgebirgische oder herzynische Richtung, vor 400 Mio. Jahren bis vor 285 Mio. Jahren

Alpidisches Gebirge (nach den Alpen), vor 65 Mio. Jahren bis heute

Tiefländer in West-, Mittel- und Osteuropa

Sie erstrecken sich von den Niederlanden bis zum Ural. Mächtige Ablagerungen der Eiszeiten überdecken Gesteinsschichten aus dem Erdaltertum. Klimatisch herrscht im Westen der maritime Klimatyp (Seeklima) vor, in Mitteleuropa ein Übergangsklima und im Osten der kontinentale Klimatyp (Landklima). Die natürliche Vegetation besteht aus Laub- und Mischwäldern.

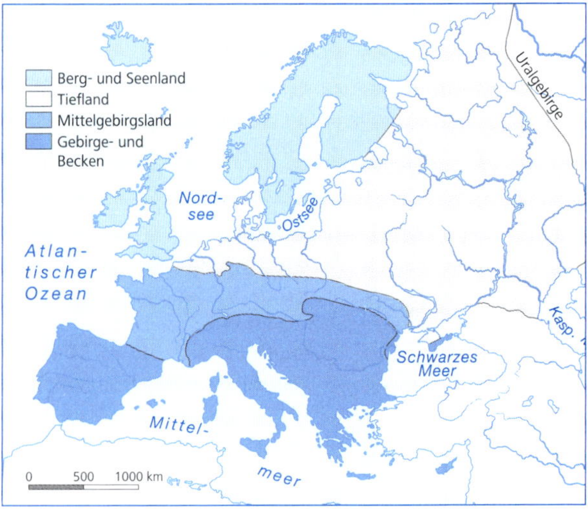

Naturräumliche Gliederung Europas

Mittelgebirgsland in West- und Mitteleuropa

Es erstreckt sich vom französischen Zentralmassiv bis zu den polnisch-slowakischen Beskiden. Mit der alpidischen Gebirgsbildung wurden Teile des Variskischen Gebirges abgesenkt oder gehoben. So entstanden die Mittelgebirge mit ihren durch Abtragung runden Oberflächenformen. Die Klimazonen reichen von maritim bis kontinental, die natürliche Vegetation besteht überwiegend aus Mischwäldern.

Gebirge und Becken in Süd- und Südosteuropa
Sie gehören, geologisch gesehen, zum westlichen Abschnitt des eurasischen Hochgebirgsgürtels und entstanden in der Erdneuzeit. Noch heute andauernde Hebungen werden durch Bewegungen der Erdkruste verursacht. Teile des Mittelmeeres entstanden durch tektonische Einbrüche. Typisch für Gebirgsklimate sind hohe Niederschläge und eine lang anhaltende Schneedecke mit der entsprechenden Gebirgsvegetation. Der mediterrane Raum wird durch Hartlaubvegetation bestimmt.

Wirtschaftsräumliche Gliederung Europas
In der Fläche kristallisieren sich vier verschiedene Wirtschaftsentwicklungen heraus.

1. Von Mittelengland zieht sich, nur durch den Kanal getrennt, ein breites und zusammenhängendes Wirtschaftsgebiet nach Südosten und erfasst teilweise auch die Alpen. Dieser Verdichtungsraum mit einer hohen Bevölkerungsdichte wird durch einen starken, aber nur noch teilweise ausgeprägten sekundären und einen hohen Anteil des tertiären Sektors gekennzeichnet. Ähnliche Räume treten auch im übrigen Europa auf, sind jedoch in der Regel isoliert und vornehmlich an die Hauptstädte gebunden.
   Die Wirtschaftsräume sind zumindest in West- und Mitteleuropa deckungsgleich mit den **altindustrialisierten Räumen**, die aufgrund von Erz- und Kohlevorkommen die erste und für Jahrzehnte größte Industrielandschaft der Erde entstehen ließen. Zum Teil wurden daraus ab Mitte der 1970er-Jahre strukturschwache Räume, sofern es nicht gelang, auf intelligenzintensive Technologien umzuschalten und den Industriesektor zu modernisieren.
2. Ein schmaler Gürtel zieht sich am Mittelmeer entlang und zeigt eine Verdichtung von Betrieben der IT-Branche, ähnlich dem kalifornischen Silicon Valley. Standorte der Informationstechnologie sind jedoch nicht nur im „Sun Belt“ angesiedelt.

Wirtschaftsräume in Europa

3. Einen breiten Raum nehmen die Gebiete des **mittleren bis hohen Entwicklungsstandes** ein. Die Schwerpunkte liegen in Nord-, West-, Mittel- und Südeuropa mit Ausnahme Portugals, des südlichen Spaniens und Süditaliens. Hier hat sich in den letzten Jahrzehnten ein schneller Strukturwandel mit

einer Verringerung des primären Sektors und einer Zunahme des tertiären Sektors vollzogen.

4. Die **Gebiete mit Entwicklungsrückständen** liegen in Süd-, Südost- und Osteuropa. Mit Ausnahme von Griechenland zeigen sich hier noch die Auswirkungen der bis 1990 wirksamen wirtschaftlichen Zweiteilung Europas in eine Zentralverwaltungs- und eine Marktwirtschaft.

Kennzeichen sind ein stark besetzter primärer Sektor sowie z. T. veraltete und Umwelt belastende Industrielandschaften. Der Übergang in den *Transformationsländern* von der sozialistischen Planwirtschaft zur Marktwirtschaft vollzog sich zunächst mit vielen Verwerfungen in der Industriestruktur. Im europäischen Wirtschaftsgefüge werden sie noch als periphere Räume angesehen, wobei zu beachten ist, dass einige Metropolen und Regionen bereits den Standard des westeuropäischen Kernraumes erreicht haben.

Europäische Identität

Identität meint allgemein die Übereinstimmung in allen Merkmalen. Sie umfasst ein rational nicht immer nachvollziehbares Zusammengehörigkeits- bzw. Zugehörigkeitsgefühl, das sich auf soziale Identität wie die Familie, auf politische Identität, z. B. politische Mitwirkung, auf Institutionen wie die Kirche und auf kulturelle Identität wie Sprache und Religion beziehen kann.
Europäische Identität speist sich zunächst aus historischen Wurzeln und muss dabei die unterschiedlichsten Kriege bis hin zu den nationalen Identitäten der Nationalstaaten berücksichtigen. Europäische Kultur findet ihren Niederschlag in verschiedensten Ausdrucksformen (Literatur, Musik, Malerei, Architektur, Wissenschaft). Das kulturelle Erbe Europas gründet sich auf der griechisch-römischen Philosophie, dem über zweitausend Jahre wirksamen Christentum und Wertvorstellungen, die mit der Renaissance, dem Humanismus und der Aufklärung weiterentwickelt wurden.

Symbole Europas
Europaflagge: blauer Hintergrund mit 12 Sternen als Symbol der Vollkommenheit
Europahymne: „Ode an die Freude" (aus Beethovens Neunter Symphonie)
Europatag: 9. Mai, Grundstein für heutige EU nach Vorschlag von 1950, die Kohle- und Stahlindustrie Deutschlands und Frankreichs einer gemeinsamen Behörde zu unterstellen
Euro: nicht in allen EU-Ländern eingeführte Währung

Bei einer Umfrage in den EU-Staaten über persönliche Werte stehen Frieden (52 %), Respekt gegenüber menschlichem Leben (43 %) und Menschenrechte (41 %) an vorderster Stelle. Es folgen Demokratie (24 %) – eigentlich die bedeutendste Errungenschaft der europäischen Kultur, Freiheit des Einzelnen (22 %), Toleranz (19 %), Gleichheit (18 %), Rechtsstaatlichkeit (17 %), Solidarität (14 %), Selbstverwirklichung (11 %), Respekt gegenüber anderen Kulturen (11 %) und Religion (7 %).
Ein **europäisches Zusammengehörigkeitsgefühl** lässt sich ohne politische und wirtschaftliche Ziele nicht erreichen. Ein europäisches Bewusstsein bildete sich erst nach der Eroberung Konstantinopels durch die Osmanen (1453) und nachfolgend durch die Beherrschung der Meere und Kolonisierung weiter Teile der Erde aus. Heute haben das Europäische Parlament in Straßburg und die Europäische Kommission in Brüssel die Möglichkeit, identitätsstiftend zu wirken, mehr Transparenz bei den Entscheidungen vorausgesetzt.
Die Vorstellung, dass ein geeintes Europa sich nur durch Bündelung seiner Kräfte in einer globalisierten Welt behaupten kann, kann durch die wirtschaftliche Integration verwirklicht werden. Aber wirtschaftliche Integration an sich schafft noch keine Identität. Die Vorteile müssen erst bewusst gemacht und von jedem Einzelnen erfahren werden. Dazu gehört auch das Miteinander von Nationalstaaten, die für sich weiterhin nationale Identitäten in Anspruch nehmen. Je stärker die EU-Bürger an den Kosten

der Integration beteiligt werden, desto mehr schwindet die Bereitschaft, einer europäischen Identität mehr Raum zu geben, trotz einer EU-Staatsbürgerschaft.
Bezeichnend ist, dass sich Ende 2004 nur 3 % der Befragten als reine Europäer betrachteten. Immerhin gaben 47 % an, sich als Europäer und zugleich als Bürger ihres Landes zu fühlen. 41 % sahen sich nur ihrer nationalen Staatsangehörigkeit verbunden.

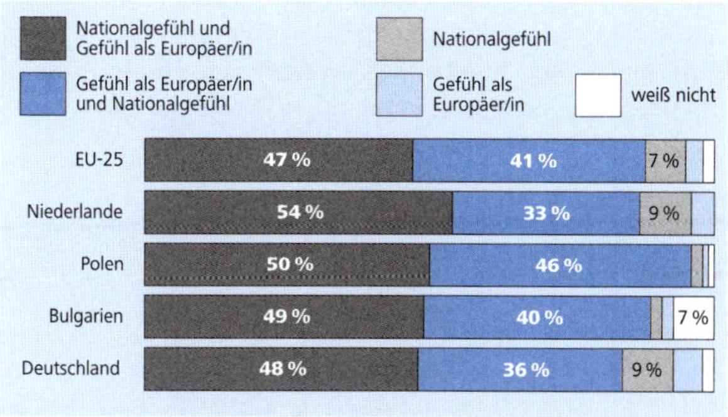

Umfrage 2004 zu Nationalgefühl und Gefühl als Europäer/in

Bevölkerungsentwicklung in Europa

Europas Bevölkerung setzt sich aus drei Völkern zusammen:

1. der indogermanischen Völkergruppe (u. a. Deutsche, Engländer, Niederländer),
2. der romanischen (u. a. Franzosen, Spanier, Italiener, Portugiesen, Rumänen),
3. der slawischen (u. a. Russen, Ukrainer, Polen, Slowaken, Serben, Bulgaren).

Ein Volk, fachsprachlich **Ethnie** oder ethnische Gruppe, kennzeichnet gemeinsame Herkunft, Geschichte, Sprache, Wertvorstellungen und physische Merkmale. Nationale Minderheiten haben ihre Wurzeln in einem anderen Staat.

Wendet man das Modell des **demographischen Übergangs** auf Europa an, ergibt sich in der Phase 1 vor 1750 ein Gleichgewicht zwischen Geburten- und Sterberate. Von 1750 bis 1880 stellt sich ein frühes Bevölkerungswachstum ein. Um 1850 lag die Geburtenrate dreimal höher als in den heutigen Entwicklungsländern. Von 1880 bis 1930 stieg die Zuwachsrate steil an, während gleichzeitig die Geburtenrate stark abfiel. Ein spätes Gleichgewicht stellte sich in der Phase 4 zwischen 1930 und 1970 ein. Ab Ende der 1970er-Jahre ist ein anhaltender Geburtenrückgang zu beobachten, bedingt durch die Berufstätigkeit der Frauen, Reduzierung der Kinderzahl aufgrund von Nutzen-Kosten-Überlegungen, Loslösung vom Einfluss der Kirche und die Verfügbarkeit von Verhütungsmitteln.

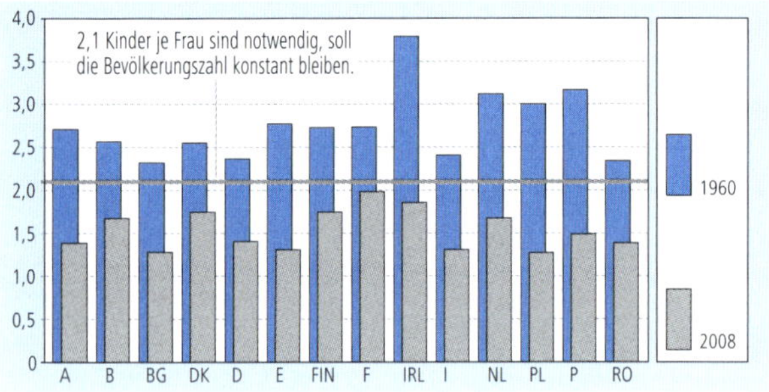

Fruchtbarkeitsraten ausgewählter Länder

Da eine Geburtenrate unter 2,1 Kindern pro Frau für eine gleichbleibende Bevölkerungszahl nicht ausreicht, hat bereits ein **Schrumpfungsprozess** der Bevölkerung eingesetzt. Sie wird nur durch Zuwanderung aus anderen Weltregionen gemildert. Bei Zuwanderern überwiegen jüngere Erwachsenengruppen.
Andererseits steigt die Lebenserwartung, sodass sich bei sinkenden Geburtenziffern eine **Überalterung** der Gesellschaft einstellt. Bis 2050, so die Prognose, wird die Zahl der Menschen über 80 Jahre um 180 % anwachsen. Einer Erwerbsbevölkerung

von rd. 375 Mio. Menschen werden dann rd. 180 Mio. von über 65-Jährigen gegenüberstehen. Die Folgen sind bereits heute absehbar. Wirtschaftswachstum war in der Vergangenheit an Bevölkerungswachstum gekoppelt. Zukünftig wird sich das Verhältnis von über 65-Jährigen zu den Erwerbstätigen, der sog. *Alterslastenquotient*, dramatisch ändern. Der **demographische Wandel** wirkt sich auf alle Lebensbereiche aus: Zahl der Schulen, Größe der Wohnungen, Einkaufsmöglichkeiten und Konsumverhalten, Verfügbarkeit öffentlicher Verkehrsmittel.

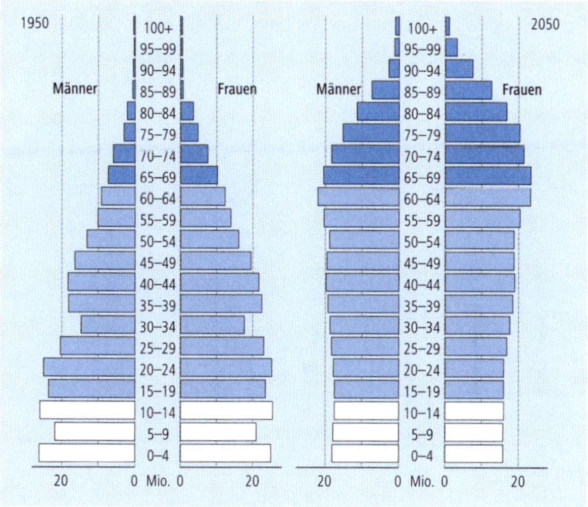

Bevölkerungspyramiden in Europa 1950 und 2050

Europas Stellung in der Welt

Wenn von Europa die Rede ist, wird der Begriff sehr häufig mit der EU gleichgesetzt. Das ist zwar folgerichtig, aber nur teilweise korrekt, denn politisch gliedert sich Europa in 46 Staaten mit 730 Mio. Einwohnern, wobei Russland mit eingerechnet wird. Auch der 1949 gegründete **Europarat** mit Sitz in Straßburg, dessen Ziele die Förderung der Demokratie sowie der Schutz der Menschenrechte und Rechtsstaatlichkeit in Europa sind, nennt 46 Staaten als Mitglieder. Die EU hingegen umfasste 2007 „erst“ 27 Mitgliedsstaaten mit rd. 490 Mio. Menschen.

Kennzeichen für eine bedeutende internationale Rolle sind:

- überdurchschnittliche Wirtschaftskraft, Führungsposition im Welthandel, Kapitalbildung

Europa (= EU) ist ein gewaltiger Binnenmarkt und übertraf 2006 bei den Warenexporten bereits die USA (EU-25: 1480 Mrd. $, USA: 1037 Mrd. $). Auch bei den Direktinvestitionen und bei den öffentlichen Ausgaben für Entwicklungshilfe liegt die EU weltweit an vorderster Stelle.

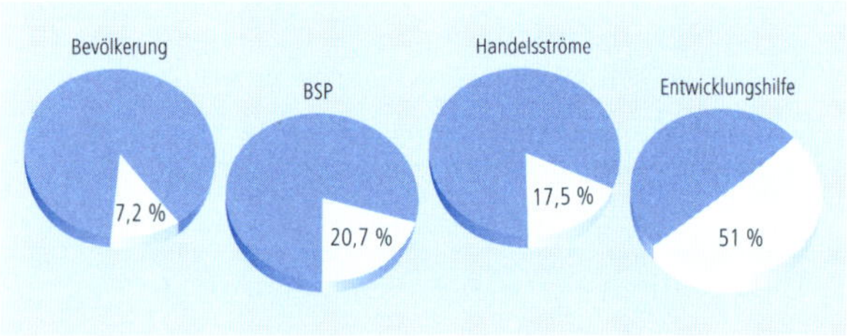

Anteile der EU-27 an der Welt 2009

- große Bevölkerungszahl, hohes Bildungsniveau, gut ausgebaute Infrastruktur
- attraktives Gesellschafts- und Wertesystem

Seit dem Ende des Zweiten Weltkrieges herrscht Frieden zwischen den Mitgliedsstaaten. Die mittel- und osteuropäischen Staaten (= Transformationsstaaten) haben demokratische und marktwirtschaftliche Verhältnisse eingeführt mit dem Ziel, der EU beizutreten. Weitere Länder wollen sich der EU anschließen (u.a. die Türkei, Kroatien und Mazedonien). Potenzielle Beitrittskandidaten zur EU sind Albanien, Bosnien und Herzegowina, Montenegro und Serbien.

■ Fähigkeit zur Bildung von Allianzen und Verflechtungen
Mit zehn Anliegern des südlichen Mittelmeerraumes (Ägypten, Algerien, Israel, Jordanien, Libanon, Marokko, Syrien, Tunesien, Türkei und Palästinensische Autonomiebehörde) unterhält die EU eine Europa-Mittelmeer-Partnerschaft, die eine politische wirtschaftliche und kulturelle Zusammenarbeit beinhaltet. Mit den GUS-Staaten bestehen ebenfalls Partnerschafts- und Kooperationsabkommen. Weitere Abkommen bestehen mit fast allen Staaten Lateinamerikas und zahlreichen Staaten Asiens.

■ Fähigkeit, sich für weltpolitische Ziele einzusetzen
Der EU wird zugetraut, die drei großen globalen Herausforderungen – Kampf gegen die Armut, Fortschritte im Klimaschutz und Unterstützung für die Beilegung von Konflikten sowie Frieden schaffende Initiativen – am besten bewältigen zu können.

■ Bekämpfung der Armut: Zu den Maßnahmen gehört u. a. eine Verdopplung der Entwicklungshilfe bis 2010 um 50 Mrd. US-$, davon die Hälfte für Afrika. Die EU wird ihre Wirtschaftspartnerabkommen mit den 78 AKP-Staaten (Asien-Karibik-Pazifik) weiter ausbauen, mit dem Ziel, bis 2020 eine vollständige gegenseitige Handelsliberalisierung zu erreichen.

■ Klimaschutz: Die EU hat sich ein ehrgeiziges Ziel gesetzt. Bis 2020 will sie die erste kohlenstoffarme Wirtschaftsregion der Welt sein, d. h., die Energieerzeugung soll zu diesem Zeitpunkt CO_2-frei sein.

■ Beilegung von Konflikten: Die EU setzt sich für die Stärkung der internationalen Sicherheit ein, aber trotz der „Gemeinsamen Außen- und Sicherheitspolitik“ (GASP) gibt es weder einen europäischen Außenminister noch eine gemeinsame europäische Verteidigungspolitik. Auf dem Balkan, in Afghanistan und im Irak ist der EU Versagen vorzuwerfen, die eindeutige (militärische) Führungsrolle lag bei den USA. Andererseits beteiligt sich die EU über einzelne Mitgliedsstaaten an Friedensmissionen im Nahen Osten (z. B. in Palästina) und auf dem Balkan (z. B. in Bosnien und Herzegowina, im Kosovo sowie in Mazedonien).

Etappen der europäischen Einigung

1950 schlug der französische Außenminister Robert Schumann die Gründung einer deutsch-französischen *Gemeinschaft für Kohle und Stahl* vor. Mit der *Europäischen Gemeinschaft für Kohle und Stahl* (*EGKS*) konnte auch die neue Bundesrepublik Deutschland integriert werden. 1973 traten der EG Dänemark, Irland und das Vereinigte Königreich bei, 1981 folgte Griechenland. Portugal und Spanien wurden 1986 Mitglieder, Finnland, Österreich und Schweden 1995. Die größte Erweiterung fand 2004 mit Estland, Lettland, Litauen, Malta, Polen, der Slowakei, Slowenien, der Tschechischen Republik, Ungarn und Zypern statt. 2007 traten Bulgarien und Rumänien bei.

Römische Verträge – 1957 von 6 Staaten (Belgien, Bundesrepublik Deutschland, Frankreich, Italien, Luxemburg, Niederlande) unterzeichnet; Vertrag zur Gründung der Europäischen Wirtschaftsgemeinschaft (EWG), Ziel: gemeinsamer Markt
Vertrag von Maastricht – 1992 von 12 EG-Staaten unterzeichnet; Gründung der Europäischen Union, Grundlage für Vollendung der Wirtschafts- und Währungsunion

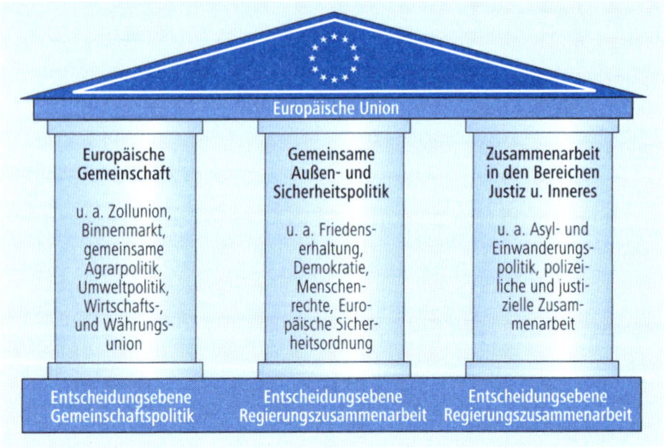

Die drei Säulen der EU nach dem Vertrag von Maastricht 1993

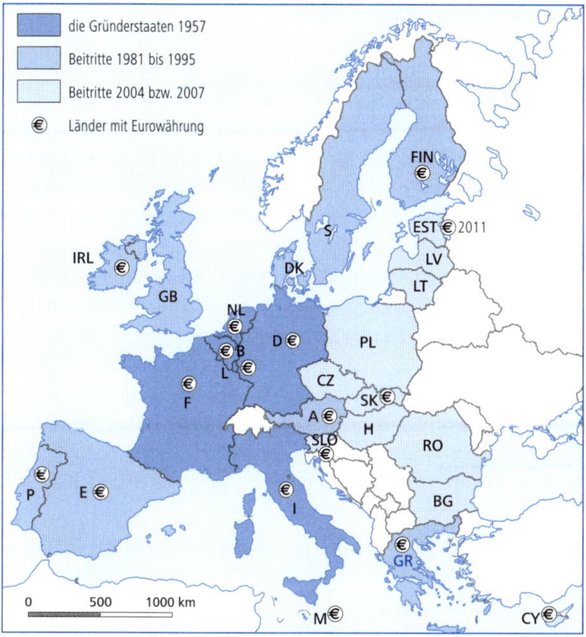

Europäische Union 2010

Parallelentwicklungen in Europa

1949: Zusammenschluss der osteuropäischen Staaten unter Führung der Sowjetunion zum *Rat für Gegenseitige Wirtschaftshilfe* (*RGW*), Reaktion auf die Marshall-Plan-Hilfe der USA für das kriegszerstörte Europa; kein gemeinsamer Markt; 1991 aufgelöst

1960: Gründung der *Europäischen Freihandelsvereinigung* (*European Free Trade Association, EFTA*); Mitglieder: Großbritannien, Dänemark, Island, Irland, Norwegen, Österreich, Portugal, Schweden, Schweiz, Finnland; seit 1995: Norwegen, Island, Schweiz, Liechtenstein

Der europäische Binnenmarkt

Seit 1993 ist der europäische Binnenmarkt mit den „Vier Freiheiten" in Kraft. Privatpersonen können in einem anderen EU-Land wohnen, arbeiten und studieren. Ausgenommen sind Beamte, die hoheitliche Aufgaben (z. B. Polizei, Finanzverwaltung) erfüllen. Dank des zunehmenden Wettbewerbs profitieren Verbraucher von niedrigeren Preisen und einem verbesserten Verbraucherschutz. Für bestimmte Waren, die der Verbrauchssteuer unterliegen wie z. B. Zigaretten und Alkohol, gelten Sonderregelungen. Unternehmer können einfacher und kostengünstiger grenzüberschreitende Geschäfte tätigen. Früher mussten z. B. pro Jahr mehr als 60 Mio. Zollabfertigungspapiere ausgefüllt werden.

Problematisch ist nach wie vor die Umsetzung der EU-Richtlinien und damit die Anpassung an nationales Recht. Besonders die grenzüberschreitende Öffnung der Dienstleistungsmärkte ist noch nicht befriedigend gelöst. So ist z. B. der Gesundheitsdienst noch davon ausgenommen.

Freier Personenverkehr	Freier Dienstleistungsverkehr
■ Wegfall von Grenzkontrollen ■ Harmonisierung der Einreise-, Asyl-, Waffen- und Drogengesetze ■ Niederlassungs- und Beschäftigungsfreiheit für EU-Bürger ■ verstärkte Außenkontrolle	■ Liberalisierung der Finanzdienste ■ Harmonisierung der Banken- und Versicherungsaufsicht ■ Öffnung der Transport- und Telekommunikationsmärkte
Freier Warenverkehr	**Freier Kapitalverkehr**
■ Wegfall von Grenzkontrollen ■ Harmonisierung oder gegenseitige Anerkennung von Normen und Vorschriften ■ Geplante Harmonisierung der indirekten Steuern	■ Größere Freizügigkeit für Geld- u. Kapitalbewegungen ■ Schritte zu einem gemeinsamen Markt für Finanzdienstleistungen ■ Liberalisierung des Wertpapierverkehrs

Die „Vier Freiheiten" des Binnenmarktes

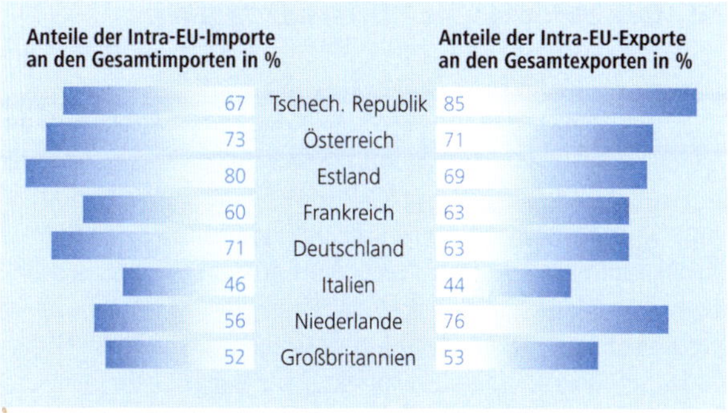

Intra-EU-Handel ausgewählter Länder 2009

Unterschiede bestehen bei den Strom-, Gas- und Postdienstleistungen sowie bei der Unternehmensbesteuerung. Trotz aller Kritik hat das Zusammenwachsen der nationalen Märkte zu einem **einheitlichen europäischen Binnenmarkt** erhebliche Fortschritte zu verzeichnen, die nicht nur mit der Schaffung neuer Arbeitsplätze verbunden sind. Eine große Herausforderung ist die Intergration der 2004 beigetretenen zehn und 2007 zwei weiteren Mitgliedsstaaten. Rein nominell hatte sich zwar 2006 damit für die EU-27 das BIP pro Kopf in Kaufkraftstandards im Vergleich zur EU-25 (= 100) um vier Punkte gesenkt, aber der Intra-Handel, d.h. der Handel zwischen den EU-Ländern, hat weiter zugenommen.

Deutschland exportierte 2008 Waren im Wert von 630,8 Mrd. Euro in die EU-Länder. Das entsprach 63,5 % aller Ausfuhrgüter. Im selben Zeitraum bezog Deutschland Waren aus den EU-Ländern im Wert von 522,6 Mrd. Euro (= 64,2 % der gesamten Importe). Die Wirtschaftskrise führte 2009 zu großen Einbrüchen bei den Im- und Exporten.

Die Verlagerung von Industriebetrieben in die neuen EU-Länder ist auch auf die niedrigen Arbeitskosten pro Stunden (2009) zurückzuführen: EU-27: 22,70 €, Deutschland 30,90 €, Tschechische Republik 9,60 €, Polen 6,90 €, Bulgarien 2,90 €.

3.2 Der europäische Wirtschaftsraum

Strukturwandel und sektoraler Wandel

Nach der Theorie der „langen Wellen" beginnen wirtschaftliche Epochen jeweils mit einer technologischen Basisinnovation, die einen enormen Aufschwung auslöst. Die **1. lange Welle**, der Beginn der Industrialisierung, wurde in England durch den Einsatz der Dampfmaschine und durch die Entwicklung der Textilindustrie ausgelöst. Es folgte die **2. Welle**, die den Massentransport mit Eisenbahn und Dampfschiff in Gang setzte und die Eisen- und Stahlindustrie als Schwerpunkt hatte. Beispiele für Deutschland sind das Ruhrgebiet und das Saarland.

> Strukturwandel (Struktur = Aufbau und Gliederung)
> Veränderung von Faktoren mit Auswirkungen auf andere Bereiche (Sektoren)

Die **3. Welle** wurde durch Elektrotechnik, Kraftfahrzeug- und chemische Industrie erzeugt. Beispiele für Deutschland sind das Ruhrgebiet, aber auch Baden-Württemberg und Südbayern.
In der **4. Welle** standen Elektronik, Kunststoffe und der Pkw als Kennzeichen individueller Mobilität im Mittelpunkt. Danach setzte der Zyklus der Informationstechnologie ein.

Die einzelnen Zyklen mit Auf- und Abschwung sind zeitlich unterschiedlich lang. Ständig steigt aber das Niveau der wirtschaftlichen Aktivitäten. Für die Zukunft könnte die **Nanotechnologie** sich als Schlüsseltechnologie erweisen und einen neuen Zyklus einleiten. Dabei handelt es sich um die Konstruktion und Bearbeitung sehr kleiner Strukturen (1 Nanometer = millionster Teil eines Millimeters). Einsatzbereiche wären u. a. in der Informationstechnik mit immer kleineren Datenspeichern, in der Umwelttechnik, in der Energietechnologie, in der Autoindustrie für ultraleichte Motoren und Karosserieteile, aber auch im Gesundheitswesen, z. B. für künstliche Gelenke.

Im Lauf der Zeit verlagerte sich das Hauptgewicht der wirtschaftlichen Aktivitäten vom primären über den sekundären zum tertiären Sektor. Noch bis in die 1970er-Jahre vollzog sich die Schwerpunktverlagerung in Richtung produzierendes Gewerbe/Industrie, heute sind die meisten Erwerbstätigen im Dienstleistungssektor beschäftigt.

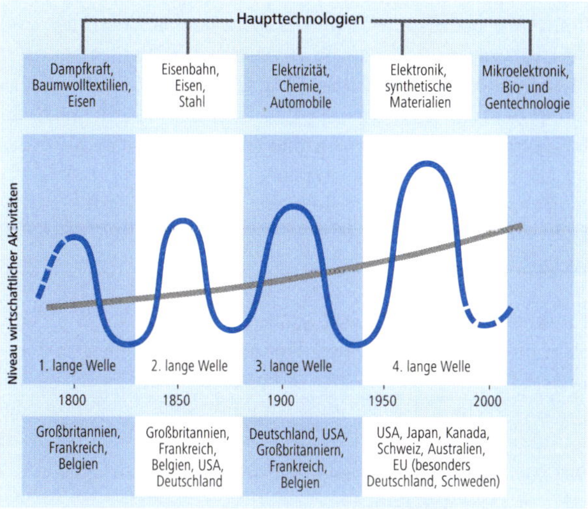

Stadien der wirtschaftlichen Entwicklung in langen Wellen

Die Veränderung der Beschäftigtenzahl in den Sektoren, d. h. der sektorale Strukturwandel, zog auch regionale Veränderungsprozesse nach sich. So erfolgte z. B. in Deutschland eine Verlagerung des wirtschaftlichen Schwerpunktes in der 4. langen Welle vom Ruhrgebiet in Richtung Rhein-Main, Rhein-Neckar und München.

Auf Europa bezogen bildeten sich **neue Dienstleistungszentren** von London über Frankfurt a. M., Stuttgart, München und Mailand. Hightechunternehmen besetzten Standorte in Nordeuropa

(Kopenhagen, Malmö, Stockholm, Helsinki) und in Südeuropa (Barcelona, Grenoble, Nizza).

Altindustrialisierte Räume

Der Begriff bezieht sich nicht auf das Alter von Regionen, sondern meint die mangelnde bzw. fehlende Innovationskraft. Altindustriegebiete entstanden in Europa auf der Basis von Steinkohlevorkommen, die sich von Schottland über Mittel- und Südengland in das nordfranzösisch-belgische Revier und dort über das Saarland und Ruhrgebiet nach Oberschlesien bis in das Donezkbecken erstrecken. Heute sind die auf Kohle und Stahl basierenden industriellen Zentren der im 19. und bis Mitte des 20. Jahrhunderts erfolgreichen Regionen mit wenigen Ausnahmen zu strukturschwachen Räumen geworden. Steinkohlebergbau, Eisen-, Stahl- und Textilindustrie wurden zu Schrumpfungsbranchen.

Merkmale von Altindustriegebieten

- hohe Industriedichte und hoher Anteil der Beschäftigten im sekundären Sektor
- oft nur wenige Großbetriebe der Schwerindustrie, unterdurchschnittliches Wachstum, häufig schon am Ende eines Produktionszyklus
- veraltete, Umwelt belastende Produktionsanlagen, zurückgehende Wertschöpfung
- wachsende Arbeitslosigkeit, Abwanderung von Fachkräften

Ursachen sind intern und extern begründet. Intern erschweren sowohl die Durchmischung von Wohn- und Industriegebieten als auch eine überholte Infrastruktur eine schnelle Modernisierung. Ein schneller Anpassungsprozess wird auch durch das Festhalten an alten Strukturen gebremst, besonders durch staatliche Subventionen. So erhält z. B. der seit Jahrzehnten nicht mehr wettbewerbsfähige deutsche Steinkohlebergbau Zuschüsse zur Verstromung und zur Stahlherstellung. Extern verursacht sind Schwankungen bei Nachfrage und Angebot. Teils können alte

Branchen höherwertige Produkte nicht liefern, teils findet eine Verlagerung von Hochlohnländern in Niedriglohnländer statt.

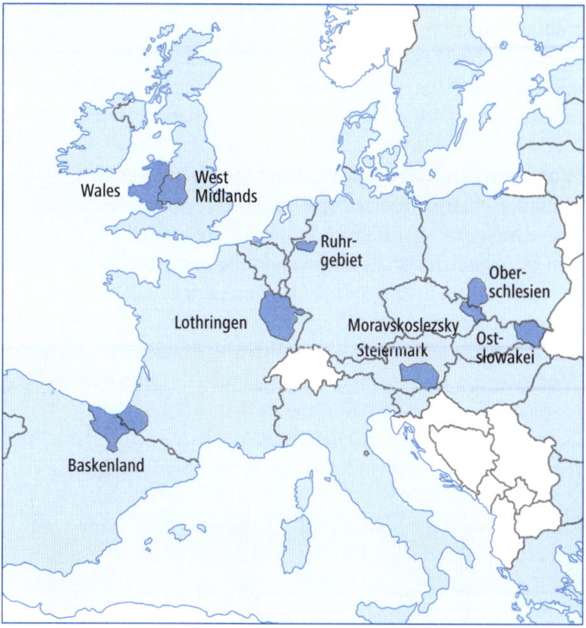

Altindustrialisierte Regionen in der EU

Für den **Niedergang der Montanindustrie** in Europa gibt zahlreiche Beispiele. So ging allein im Ruhrgebiet die Zahl der im Bergbau Beschäftigten von 607 000 (1957) auf unter 27 000 (2009) und in der Stahlindustrie von 150 000 (1974) auf 30 000 (2004) zurück. Insgesamt verlor der Montanbereich von 1960 bis 2003 rund 500 000 Arbeitsplätze.

Auch in Großbritannien schrumpfte die Zahl der Bergarbeiter von 220 000 (1985) auf 6 092 (2009). Ähnliche Rückgänge musste eines der ältesten Montanreviere Europas, das Oberschle-

sische Industrierevier, verkraften. Nach der 1990 notwendig gewordenen Anpassung an die Marktwirtschaft ging die Zahl der Bergleute in kurzer Zeit von 400 000 auf 140 000 zurück, die der Stahlarbeiter von 108 000 auf 45 000.
Ausländische Direktinvestitionen leiteten in Wales und Oberschlesien einen Strukturwandel ein, und auch im Ruhrgebiet arbeiten über 50 % der Beschäftigten im Dienstleistungssektor.

Wachstumsregionen und Wachstumsbranchen

Nach der **Polarisationstheorie** bestehen regionale Unterschiede in der Ausstattung mit Produktionsfaktoren. Sektorale Polarisation bezieht sich auf die Clusterbildung von Unternehmen, die miteinander verflochten sind. Sie dient dem Erhalt bzw. der Förderung der Wettbewerbsfähigkeit. Beispiele hierfür sind u. a. die Autoindustrie in Baden-Württemberg, die Luftfahrtindustrie in Toulouse, das Nanotechnologie-Zentrum in Grenoble und das Medicon-Center zwischen Dänemark und Schweden.
Derartige Cluster erwirtschaften als **Wachstumspole** dank ihrer Innovationsfähigkeit ein höheres BIP als Nachbarregionen.

> **FuE:** Forschung und Entwicklung; anwendungsorientierte Forschung mit dem Ziel, durch Innovationen Produktion und Absatz zu steigern
> **Cluster** (engl.): homogene Gruppe, Klasse; wirtschaftlich: Netzwerk von Produzenten, Zulieferern, Forschungseinrichtungen in räumlicher Nähe

Das **Wachstum des BIP** für sich genommen kennzeichnet nur bedingt eine Wachstumsregion. In den seit 2004 der EU beigetretenen Ländern wächst das BIP stärker als in der EU-15, wobei die niedrige Ausgangsbasis zu berücksichtigen ist. Entscheidender ist die **Wettbewerbsfähigkeit** der Regionen, in denen die Unternehmen gezwungen sind, sich ständig mit Abnehmern, Zulieferern, Dienstleistungsunternehmen, Mitbewerbern und Forschungseinrichtungen auszutauschen.

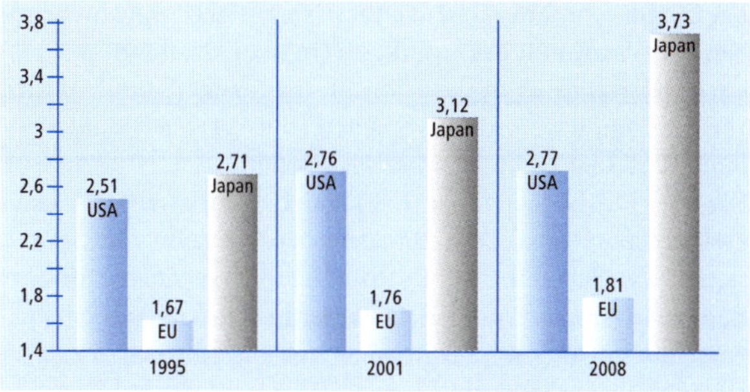

Anteil der Investitionen im Bereich FuE in Prozent des BIP

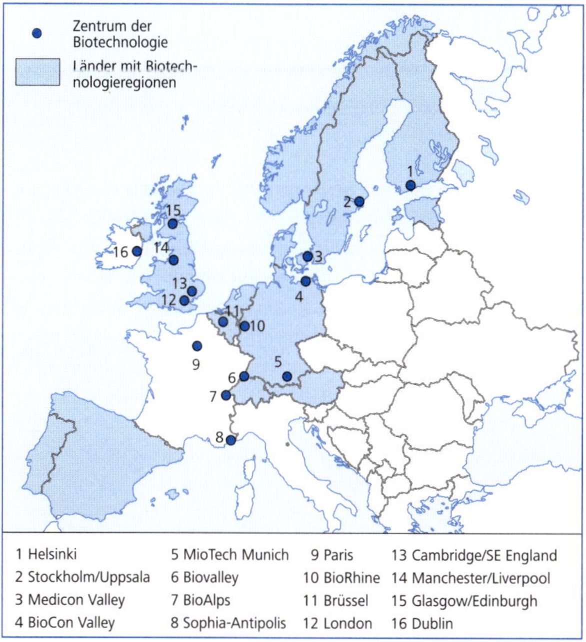

Europäische Biotechnologieregionen

Die überdurchschnittliche Wettbewerbsfähigkeit mit einem hohen BIP-Wachstum beschränkt sich in der EU auf wenige Regionen. Hierzu gehören das südliche Irland, der Raum westlich von London, das nördliche Spanien (Bilbao), Madrid, Luxemburg, Rotterdam, Litauen und Helsinki.
Für die EU bedeutet der **Erhalt der Wettbewerbsfähigkeit** deshalb eine der größten Herausforderungen. Im Mittelpunkt stehen die Schaffung innovativer Cluster sowie die bessere Zusammenarbeit zwischen Unternehmen und Universitäten. Forschungsprioritäten im Rahmen des *Europäischen Fonds für regionale Entwicklung* umfassen die Informations- und Kommunikationstechnologie, die Nano- und Biotechnologie. Insgesamt sollen bis 2013 mehr als 50 Mrd. Euro zur Verfügung stehen.
Damit Forschungsergebnisse in kommerzielle Anwendungen umgesetzt werden können, sollen die drei Seiten des **Wissensdreiecks** – Bildung, Forschung, Innovation – künftig miteinander verbunden werden.

Vergleich der EU mit anderen Wirtschaftsbündnissen

Regionale Handelsabkommen gewinnen mit fortschreitender Globalisierung eine immer größere Bedeutung. Im Vordergrund steht der Abbau von Handelsbeschränkungen, sodass die Unternehmen größere Stückzahlen kostengünstiger produzieren können. Häufig sind Wirtschaftsbündnisse Vorstufen für politische Blockbildungen. Die Integrationsstufen beginnen mit einer Präferenzzone, gehen zunächst in eine Freihandelszone und anschließend in einen Gemeinsamen Markt über, bis eine Wirtschafts- und Währungsunion erreicht ist, die möglicherweise in eine politische Union mündet.

Die EU ist der größte Handelsblock der Erde. Besonders intensiv ist die wirtschaftliche Verflechtung zwischen den Mitgliedsstaaten. Der ASEAN-Block beabsichtigt, 2015 einen Binnenmarkt einzuführen. Da die NAFTA von den USA dominiert wird, nahm Mexiko Gespräche über eine Assoziation mit Mercosur auf.

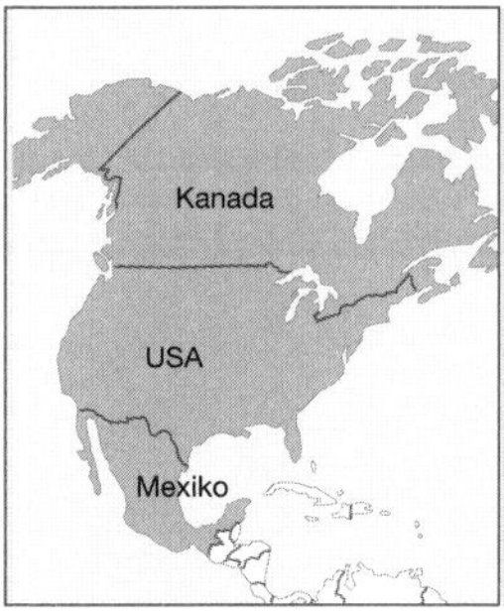

NAFTA (North American Free Trade Agreement, Nordamerikanische Freihandelszone)
1994 gegründet,
3 Mitglieder: USA, Kanada, Mexiko

Fläche: 21,7 Mio. km²
Einwohner: 457,2 Mio. (2010)
BNE/Kopf/ppp-$: 35 491 $ (2008)
EU-Warenimport (2009): 187,2 Mrd. €
EU-Warenexport (2009): 242,8 Mrd. €

Mercosur (Mercado Común del Sur, Gemeinsamer Markt des Südens),
1991 gegründet
5 Mitglieder: Argentinien, Brasilien, Paraguay, Uruguay, Venezuela;
assoziiert: Bolivien, Chile, Ecuador, Kolumbien, Peru;
Mexiko: Beobachter

Fläche: 12,8 Mio. km²
Einwohner: 267,4 Mio. (2008)
BNE/Kopf/ppp-$: 10 858 $ (2008)
EU-Warenimport (2009): 35,1 Mrd. €
EU-Warenexport (2009): 27,2 Mrd. €

3

ASEAN (Association of Southeast Asian Nations, Verband südostasiatischer Staaten, 1967 gegründet
10 Mitglieder: Brunei, Indonesien, Kambodscha, Laos, Malaysia, Myanmar, Philippinen, Singapur, Thailand, Vietnam
Papua-Neuguinea: Beobachter

Fläche: 4,5 Mio. km²
Einwohner: 610 Mio. (2010)
BNE/Kopf/ppp-$: 5 131 € (2010)
EU-Warenimport (2009): 67,8 Mrd. €
EU-Warenexport (2009): 50,2 Mrd. €

Dieses Wirtschaftsbündnis wird jedoch wegen unterschiedlicher Interessen geschwächt. Viele Wirtschaftsbündnisse haben keinen längerfristigen Bestand oder sind ineffektiv, z. B. die 1995 gegründete Westafrikanische Wirtschaftsgemeinschaft ECOWAS oder die 2001 gegründete Afrikanische Union AU, der alle 53 afrikanischen Staaten außer Marokko angehören.

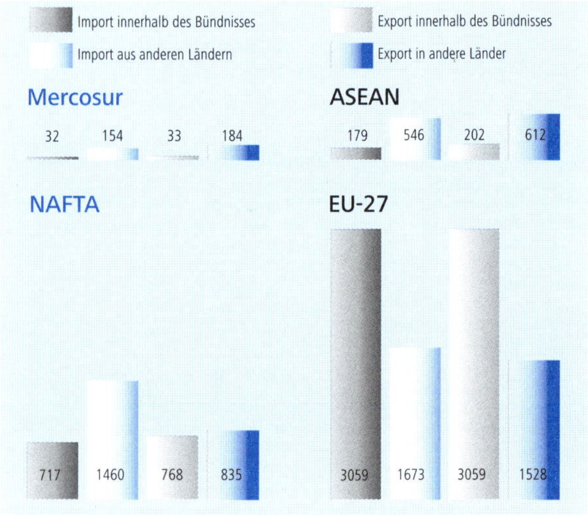

Warenhandel (Intra- und Extrahandel) 2009 in Mrd. US-$

Europäische Unternehmen als Global Player

International tätige Unternehmen verlagerten bereits in den 1970er-Jahren arbeitsintensive Produktionen in Entwicklungsländer, die als verlängerte Werkbänke der Industrieländer bezeichnet wurden. Heute besteht ein weltweites Netzwerk von Produktionsstätten, in dem Vor- und Zwischenprodukte zwischen den einzelnen Unternehmensstandorten ausgetauscht werden. Typische Beispiele sind der Automobilbau sowie die Elektronik-, Öl-, Chemie- und Pharmaindustrie.

> **Global Player:** Weltkonzern, umgangssprachlich auch Multi; kapitalstarkes international tätiges Großunternehmen mit Tochtergesellschaften in anderen Ländern, global-strategische Unternehmensführung für Produktion und Absatz

Die Motive für das Auslandsengagement sind zum einen absatzmarktorientiert. In der Regel können so Handelsbeschränkungen, z. B. Zölle, umgangen werden. Beispiel: VW-Produktion in Mexiko zur Belieferung des US-Marktes.
Bedeutsam sind Kosten- und Ertragsorientierung durch längere Arbeitszeiten und geringere Lohnkosten in anderen Produktionsländern. Beispiel: Verlagerung der deutschen Textilproduktion nach Osteuropa und Asien.
Zur Sicherung der Rohstoffversorgung kommen beschaffungsorientierte Gründe ins Spiel. Hierbei geht es um Rohstoffe wie Energieträger und Erze. Beispiel: Beteiligung europäischer Firmen an der Erdöl- und Erdgasexploration z. B. in Russland.
Über die Grenzen hinaus operierende Unternehmen sind in Europa nicht neu. Im 13. und 14. Jahrhundert kontrollierten Kaufleute aus Florenz Handel und Geldströme quer durch Europa. Die Augsburger Fugger betrieben Gewürzhandel mit Ostindien und kauften Kupferbergwerke in Spanien und Ungarn. Nach dem Zweiten Weltkrieg begannen europäische Konzerne aus den USA und Japan mit dem Aufbau von Produktionsketten im Ausland.

Unter den 100 größten Unternehmen in Europa standen 2009 nach dem Umsatz die Öl- und Gaskonzerne, davon zwei russische, an erster Stelle. (zum Vergleich Deutschland Steuereinnahmen von Bund, Ländern und Gemeinden 2009: 524 Mrd. Euro).
Augenfällig war auch der hohe Anteil von Banken, Versicherungen und Finanzdienstleistungen. In der Rangfolge der Mitarbeiterzahl führte Siemens (weltweit an 40. Stelle nach dem Umsatz) mit 405 000 Beschäftigten.

Die zehn größten Unternehmen nach Umsatz in Europa 2009

	Name	Branche	Land	Hauptsitz	Umsatz Mrd. $	Mit-arbeiter
1	Royal Dutch Shell	Erdöl/Gas	NL	Den Haag	285,1	101 000
2	BP	Erdöl/Gas	GB	London	246,1	80 000
3	AXA	Versiche-rungen	F	Paris	175,3	103 400
4	ING Group	Finanzdienst-leistg.	NL	Amsterdam	163,2	107 200
5	Total	Erdöl/Gas	F	Courbevoie	155,9	96 400
6	VW	Kfz	D	Wolfsburg	146,2	368 500
7	BNP Paribas	Banken	F	Paris	130,7	182 500
8	Assicura-zioni Generali	Versiche-rungen	I	Triest	126,0	85 300
9	Allianz	Versiche-rungen	D	München	126,0	153 200
10	Carrefour	Einzelhandel	F	Paris	121,5	476 000
Zum Vergleich die größten Unternehmen der Welt (Shell: 2., BP: 4.)						
1	Wal-Mart	Einzelhandel	USA	Bentonville	408,2	2 100 000
3	Exxon-Mobil	Erdöl/Gas	USA	Irving	284,7	102 700
5	Toyota Motor	Kfz	J	Toyota City	204,1	320 600

Die Wirtschaftskrise 2008/2009 hat die Gewinne und den Börsenwert der Unternehmen stark einbrechen lassen. Z. T. konnten sie nur mit massiver staatlicher Hilfe vor der Insolvenz bewahrt werden. Besonders betroffen waren die Banken, die Milliardenverluste, u. a. durch Spekulationen und „faule Kredite“, erlitten. Die weltweite Finanz- und Bankenkrise führte zum Produktionsrückgang und zur Entlassung von Arbeitskräften.

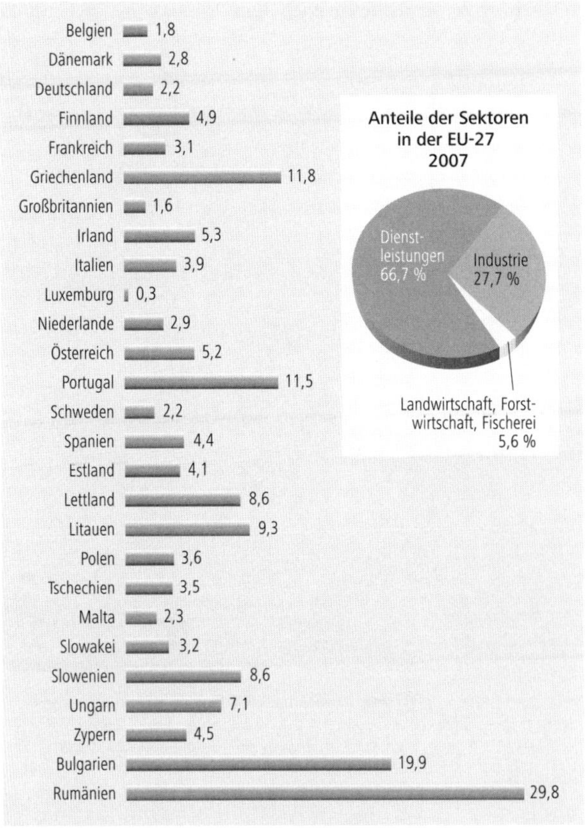

Erwerbstätige in der EU-Landwirtschaft (%) 2009

Die **Bedeutung der Landwirtschaft** ist in den Staaten unterschiedlich groß. In den Industriestaaten der EU-15 liegt der Anteil der im primären Sektor Beschäftigten unter 3 %, in den neuen Beitrittsländern erreichten sie 2005 z. B. in Polen 17,1 % und in Rumänien sogar 32,6 %.

Wichtigste Agrarprodukte nach dem Produktionswert

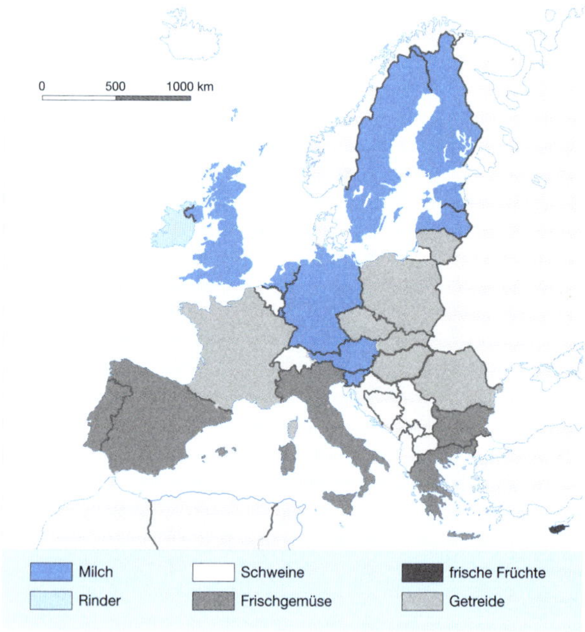

Nord- und Mitteleuropa: gemäßigtes/maritimes Klima → Kopplung von Milch- und Rindfleischerzeugung; DK + B: → Schweinemast; Ost- / Südosteuropa: guter Boden, Klimagunst → Getreide; Mittelmeerraum: subtropisches Klima → Früchte und Gemüse

Bei der **Zahl der Betriebe** zeigen sich ähnliche Unterschiede. Zwar herrschen in den südeuropäischen Ländern noch viele Kleinbetriebe vor. Durch den Beitritt von Bulgarien und Rumänien entfallen nun 45 % aller Betriebe in der EU auf diese beiden Länder.

Auch die **Flächengrößen** der Betriebe sind sehr unterschiedlich. Insofern muss beim Vergleich die Produktivität berücksichtigt werden. Unterglas- und Sonderkulturen erfordern einen höheren Arbeitskräfte- und Kapitaleinsatz als großflächige Getreideanbauflächen. Die Konzentration in der Landwirtschaft wird an der sich verringernden Betriebszahl bei gleichzeitigem Steigen der Betriebsgröße deutlich.

Die Gemeinsame Agrarpolitik der EU (GAP)

Die GAP geht auf die Erfahrungen in Westeuropa nach dem Zweiten Weltkrieg zurück, als die Nahrungsmittelversorgung noch nicht gesichert war. Die heutige GAP besteht aus den beiden Säulen „Marktorganisation" und „ländlicher Raum". Die erste Säule bezieht sich auf die Vereinheitlichung der Markt- und Preispolitik, zu deren Instrumenten Interventionspreise, Zölle und Subventionen gehörten. Ziele sind Produktivitätssteigerung, ein angemessener Lebensstandard für die Landwirte, Versorgungssicherheit und angemessene Verbraucherpreise, aber keine Überproduktion, die in der Vergangenheit subventioniert auf dem Weltmarkt abgesetzt wurde. Die landwirtschaftliche Produktion wird nachfrageorientiert ausgerichtet und nicht mehr nach dem Prinzip, wer viel erzeugt, erhält auch viel Geld.

Marktordnung
Instrument der Agrarpolitik zur Regelung des freien Austausches im gemeinsamen Markt und der Importe und Exporte

Interventionspreis
von der EU festgelegter Preis, um den Markt zu entlasten und die Preise zu stabilisieren; Stützungskäufe (Intervention) durch staatliche Interventionsstellen, anschließend Rückführung in den Binnenmarkt oder Export

Direktzahlung
Geldtransfer an Landwirte zwecks Einkommenserhöhung, z. B. bei Standortnachteilen oder bei Pflege der Kulturlandschaft

Cross Compliance („Überkreuzverpflichtung")
EU-Direktzahlung bei der Einhaltung von Standards in den Bereichen Umwelt, Lebensmittelsicherheit, Tierschutz

Am Agrarbudget der EU hat die **erste Säule** mit den Direktzahlungen, Exportsubventionen und Interventionskosten den höchsten Anteil (2006: 41,7 Mio. €).

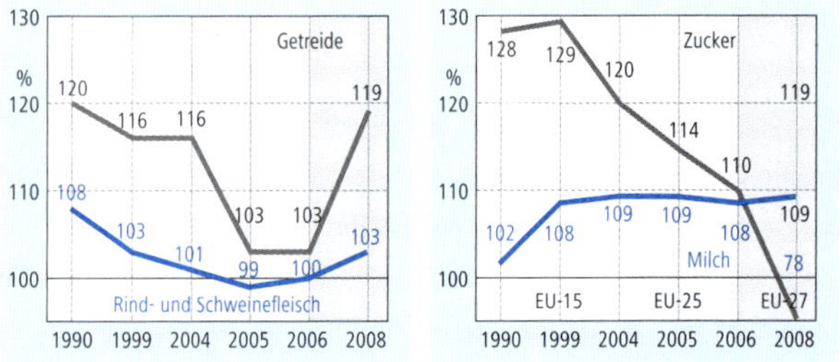

Selbstversorgungsgrad in der EU

Die Interventionskosten machen mittlerweile nur noch einen geringen Anteil aus, die Direktzahlungen rd. drei Viertel mit abnehmender Tendenz. Die Exportsubventionen betrugen 2004 noch rd. 9 % in der ersten Säule. Sinkende Weltmarktpreise führen tendenziell zu höheren Ausgaben für Exporterstattungen, aber 2005 beschloss die Welthandelsorganisation (WTO), dass die Exportsubventionen bis 2013 gänzlich einzustellen sind. Damit entfällt für die EU die Möglichkeit, Agrarüberschüsse subventioniert zu exportieren.

Die Direktzahlungen an die Landwirte werden künftig nicht mehr an den Ertrag pro Tonne gebunden, sondern ergeben sich aus den in der Vergangenheit erhaltenen Zahlungen. Die „Entkopplung“ soll die Effizienz der Landwirtschaft erhöhen. Durch die automatische jährliche Kürzung der Direktzahlungen (ab 2007 in Deutschland 5 Prozent) werden Mittel frei für die ländlichen Räume.

Die **zweite Säule** der GAP umfasst verschiedene Maßnahmen zur Entwicklung der ländlichen Räume. Sie können durch nationale Kofinanzierung ergänzt werden.

Preissenkungen, Angleichung an den Weltmarktpreis und Kürzung der Direktzahlungen werden aber, so die Befürchtungen, zu Einkommenseinbußen der Landwirte führen und den Strukturwandel noch beschleunigen.

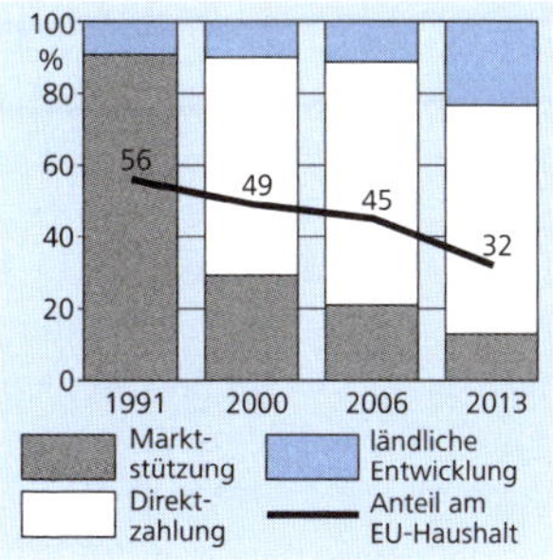

Entwicklung der Agrarausgaben

	nachhaltige Bewirtschaftung – Schutz natürlicher Ressourcen	davon marktbezogene Ausgaben und Direkt-zahlungen
2007	54,98	43,12
2008	54,33	42,70
2009	53,67	42,28
2010	53,03	41,86
2011	52,40	41,45
2012	51,77	41,05
2013	51,16	40,64

Agrarbudget 2007-2013 in Mrd. €

Transformationsprozesse in Mittel- und Osteuropa

Nach dem Zusammenbruch der Sowjetunion und der Auflösung des sowjetisch dominierten *Rates für Gegenseitige Wirtschaftshilfe* (RGW) waren die Länder in Mittel-, Ostmittel-, Ost- und Südosteuropa bestrebt, eine radikale Umgestaltung ihrer Wirtschafts- und Gesellschaftsordnung vorzunehmen. Diese Staaten werden als **Transformationsländer**, Reformländer oder MOE-Staaten (*M*ittel- und *O*st*e*uropa) bezeichnet.

Transformation
allgemein: Umgestaltung des gesellschaftlichen, politischen und wirtschaftlichen Systems eines Landes; wirtschaftlich: Umwandlung von der Zentralverwaltungswirtschaft (Planwirtschaft) in eine Marktwirtschaft

Die **Transformation** verlief in den einzelnen Staaten mit unterschiedlicher Intensität und unterschiedlichem Zeithorizont. In der Anfangsphase fand fast überall eine De-Industrialisierung und Entstaatlichung des Arbeitsmarktes statt. Folgen waren der Rückgang wirtschaftlicher Aktivitäten, hohe Arbeitslosigkeit

und hohe Inflationsraten bis hin zur Hyperinflation wie in Russland oder der Ukraine.
Die **Privatisierung** der Industrie verlief zum Teil nur schleppend oder mit schweren wirtschaftlichen Verwerfungen. Krasses Beispiel ist die Umwandlung von russischem Staatsbesitz in Aktiengesellschaften. Die Betriebsangehörigen, die Anteilsscheine erhalten hatten, verkauften diese später an Wirtschaftsführer (Oligarchen), die neue Wirtschaftsimperien aufbauten.
Kritik entzündete sich an der Schocktherapie in den Transformationsländern, da zu viele Probleme auf einmal gelöst werden sollten. Es wurde nicht auf die Befindlichkeiten der Bevölkerung (Wertvorstellungen, Normen, ideologische Erziehung) Rücksicht genommen, sodass sich Widerstand gegen die Reformprogramme aufbaute. Gesellschaftliche Transformationsprozesse erfordern einen längeren Zeitraum.

Konjunkturdaten für Ostmitteleuropa

	BIP 1991/1992 (%)	BIP-Wachstum 2005 (%)	Industrieproduktion 1991/92 (%)	Arbeitslosenquote 1992/2005 (%)	Inflation 1992/2005 (%)
Albanien	-10,0	5,5	k. A.	k. A./15,2	249/2,4
Bulgarien	-7,7	5,5	-21,9	15,7/10,1	79,5/5,0
Kroatien	-22,0	4,3	-14,6	17,5/13,6	122/3,3
Polen	-23,6	3,2	4,2	14,2/17,7	43/2,2
Rumänien	-15,4	4,1	-22,1	9,3/7,7	210/9,1
Russland	-18,5	6,4	-18,8	1,0/7,8	2540/12,7
Slowakei	-8,3	6,1	-12,9	12,0/16,3	10/2,8
Slowenien	-6,5	3,9	-13,2	13,7/6,5	201/2,5
Tschechien	-7,1	6,0	-10,6	2,6/7,9	11/1,6
Ukraine	-14,0	2,6	-11,0	0,3/8,6	1650/13,5
Ungarn	-5,0	4,1	-9,8	13,0/7,2	23/3,5

Der **Agrarsektor** musste ebenfalls (mit Ausnahme von Polen, dessen Landwirtschaft nicht kollektiviert war) tiefgreifende Wandlungen von der Kollektiv- zur Marktwirtschaft durchmachen. Die Agrarproduktion und die Einkommen der Landwirte gingen in der ersten Hälfte der 1990er-Jahre deutlich zurück, bedingt durch Preisfreigabe, Subventionsabbau und geringere Kaufkraft der Bevölkerung. Im Rahmen der Privatisierung erhielten in einigen Ländern Alteigentümer ihre Flächen zurück (Restitution), z. T. wurden überdimensionierte Großbetriebe in kleinere Einheiten aufgeteilt und in eine neue Eigentumsstruktur überführt.

Andere Transformationsprozesse wie Direktinvestitionen, Gründung von Banken und (ausländischen) Industriebetrieben waren in den meisten Reformländern schnell erfolgreich. Zu den Gewinnern zählen die Metropolen, in denen sich eine neue Oberschicht mit luxuriösem Lebensstil etabliert hat. Dem stehen Staaten wie Weißrussland oder Moldawien gegenüber, in denen marktwirtschaftlicher Fortschritt kaum vorangekommen ist.

Länder, deren Transformationsanstrengungen am weitesten fortgeschritten waren, wurden in die EU aufgenommen.

Entwicklung des Verkehrs

Güterverkehr (%) nach Verkehrszweig in der EU-27				
	Straße	Eisenbahn	Binnenwasserstraße	
2008	76,4	17,8	5,8	
2000	73,7	19,5	6,6	
Beförderte Güter (Mio. Tonnenkilometer) *in 1000 Tonnen				
	Straße	Eisenbahn	Luftfracht	Seetransport
2008	1 725 362 (2006)	443 013	12 905*	3 918
Personentransport (%) nach Transportmittel				
	Pkw	Bus	Bahn	
2008	83,3	9,4	7,3	

Bis 2020 wird sich das Verkehrsaufkommen in der EU verdoppeln. Insbesondere der durch die Osterweiterung der EU bedingte Lkw-Verkehr in Ost-West-Richtung wird stark zunehmen. Transitländer in Mitteleuropa wie z. B. Deutschland sind davon besonders betroffen. Durch Streckenstill-Legungen ist der prozentuale Anteil des Güterverkehrs auf der Bahn zurückgegangen.
Um den schnellen Personen- und Güterverkehr zu gewährleisten, sollen bis 2020 die europäischen Regionen miteinander vernetzt werden. Der mit 600 Mrd. Euro veranschlagte Ausbau der Straßen, Eisenbahnhochgeschwindigkeitsstrecken, Binnenwasserstraßen, Häfen und Flughäfen sowie des kombinierten Verkehrs Schiene/Straße läuft unter dem Namen **Transeuropäisches Verkehrsnetz** (TEN).
Zur Ergänzung kommen 10 **Paneuropäische Verkehrskorridore** nach Osteuropa hinzu.

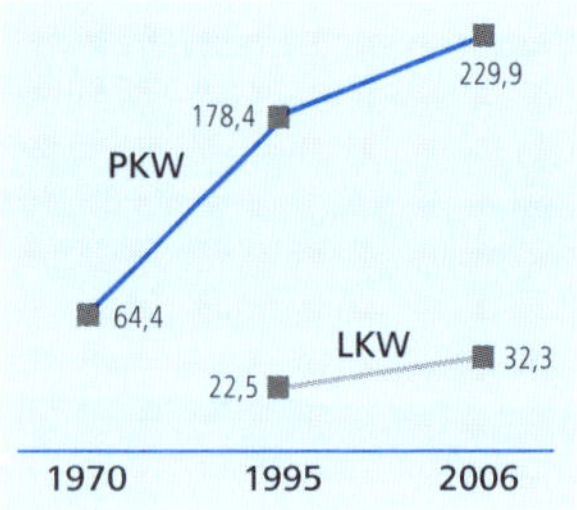

EU-27: Pkw-/ Lkw-Bestand in Mio.

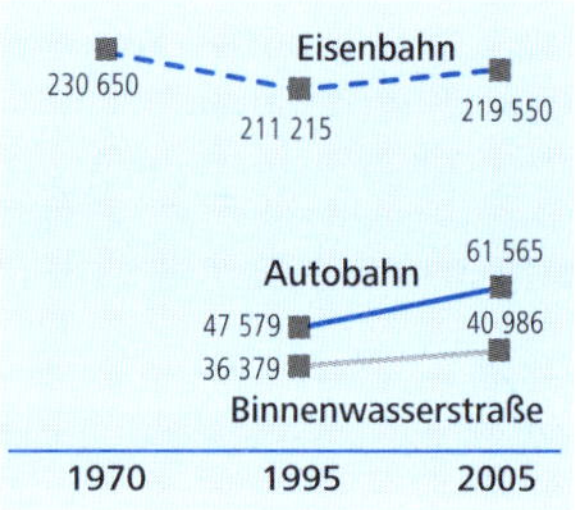

Eu-27: Verkehrswege in km

Zu den 30 **vorrangigen TEN-Projekten** gehören u. a. die Eisenbahnachsen Berlin – Palermo, Lyon – Budapest, Paris – Bratislava, Danzig – Wien, Warschau – Helsinki, ferner die Eisenbahn-/Straßenachse nordisches Dreieck und die Achse Portugal – Spanien – restliches Europa. Geplant ist ebenfalls die Straßenachse Irland – Großbritannien – Benelux.
Neu ist das Programm zur Errichtung von **Meeresautobahnen**, d. h. Seeverbindungen zwischen mindestens zwei Mitgliedsstaa-

ten. Damit sollen nicht nur periphere Räume besser angebunden, sondern auch die Überlastung der Verkehrskorridore auf dem Land reduziert werden. Derartige Seeverbindungen könnten z. B. zwischen Spanien, Frankreich und Italien den Frachtverkehr über die Pyrenäen und die Alpen verringern.

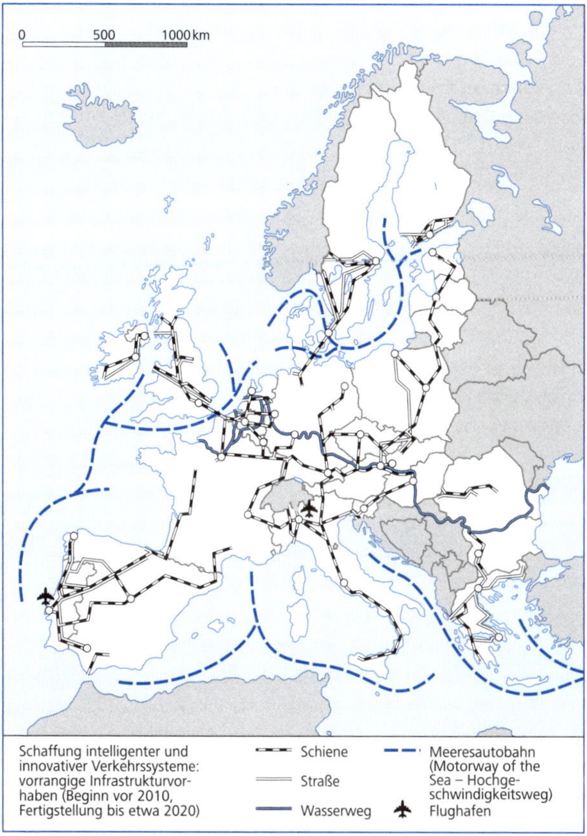

Transeuropäisches Verkehrsnetz

Tourismus in Europa

Reisen in andere Länder ist weder in Europa noch weltweit eine neue Erscheinung. Bis zum Ende des Ersten Weltkriegs waren Kuraufenthalte, Entdeckungsreisen und z. T. Pilgerfahrten das Privileg des europäischen Adels und des gehobenen Bürgertums. Bereits damals zählten die französische und die italienische Riviera zu den bevorzugten Erholungsräumen.

Tourismus, Fremdenverkehr
Erscheinungen, die sich aus dem Ortswechsel ergeben zwecks Urlaub, Freizeitgestaltung, Bildung, Geschäftsreisen; auch aus religiösen Motiven (Pilgerfahrten)

Nach dem Zweiten Weltkrieg nahm die Zahl der Auslandsreisen stark zu. Der **Massentourismus**, zunächst vornehmlich von den westlichen Industrieländern ausgehend, ist ein Spiegelbild des sozialen Fortschritts. Einkommenssteigerungen und damit verbundene Möglichkeiten zur Motorisierung, kürzere Arbeitszeiten und mehr Urlaubstage ließen den Reiseverkehr explosionsartig ansteigen. 2006 hatte Europa mit 458 Mio. Touristenankünften einen Weltanteil von rd. 60 %. Bis 2020, so die Prognose der Welttourismusorganisation UNWTO, wird der Anteil auf rd. 45 % zurückgehen.

	1995	2010	2020
Europa	338	527	717
Nord-/Südamerika	109	190	282
Ostasien/Pazifik	81	195	397
Naher Osten	12	36	69
Afrika	20	47	77
Südasien	4	11	19

Touristenankünfte weltweit (Mio.)

Frankreich	74,2
Spanien	52,2
Italien	43,2
Großbritannien	28,0
Deutschland	24,2
Österreich	21,4
Ukraine	20,7
Russland	19,4
Griechenland	14,9
Polen	11,9
Niederlande	9,9
Kroatien	9,4
Ungarn	9,1
Schweiz	8,3

Touristenankünfte 2009 (Mio.)

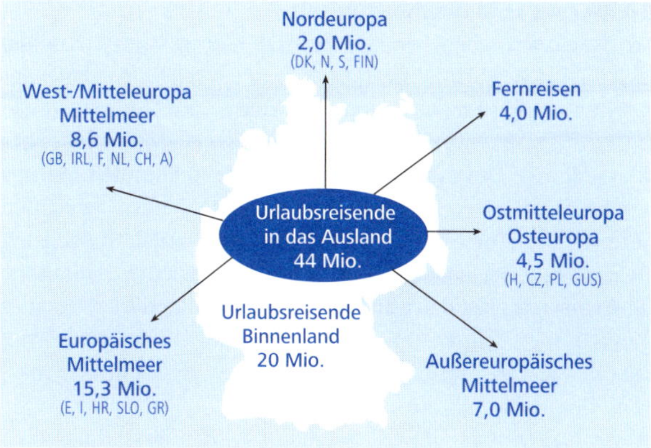

Urlaubsreiseziele der Deutschen 2008; Urlaubsreisen ab 5 Tagen Dauer, ohne Geschäftsreisen (nach www.fur.de)

Dabei ist zu beachten, dass die absolute Zahl sich bis 2020 mehr als verdoppeln wird. Wie stark die Touristenströme allein in Europa sind, verdeutlichen die Angaben für Frankreich und Spanien. Die Zahl der Touristen übertraf bei weitem die der Einwohner (Frankreich 2005: 61 Mio., Spanien: 43 Mio.).

Der Tourismus zählt zu den am schnellsten wachsenden Wirtschaftszweigen der Welt. Während 1950 erst 2,1 Mrd. US-$ für 25 Mio. internationale Reisen ausgegeben wurden, beliefen sich die Einnahmen 2009 bereits auf 852 Mrd. US-$ (611 Mrd. €). Auf Europa entfielen 413 Mrd. US-$ (296 Mrd. €). Die höchsten Einnahmen in Europa erzielte 2009 Frankreich mit rd. 49,4 Mrd. US-$. Die höchsten Ausgaben weltweit, noch vor den US-Amerikanern, tätigten die Deutschen mit 81,2 Mrd. US-$.

Nach der Auflösung des Ostblocks erleben Reiseziele in Ost- und Südosteuropa eine Zunahme des Touristenstroms, obwohl der Städtetourismus (z. B. nach Prag, Budapest, Danzig, Krakau, Moskau) schon in der Vergangenheit nicht unerheblich war. Dank steigender Einkommen in den Transformationsländern nehmen auch in Gegenrichtung die Touristenzahlen zu.

Tourismus und Nachhaltigkeit

An der europäischen – und zeitversetzt an der nordafrikanischen und türkischen Mittelmeerküste – entwickelte sich dank der verkürzten Reisezeit durch den Einsatz von Flugzeugen ein boomender **Badetourismus**. Die touristische Nachfrage des **Massentourismus** führte an vielen Küsten zu monostrukturierten Fremdenverkehrslandschaften mit Betonbauten, fehlenden Infrastruktureinrichtungen und der teilweisen Zerstörung historisch gewachsener Dörfer und Kleinstädte. Monotone Touristengettos bilden die neuen Mittelpunkte einer ehemals gewachsenen Natur- und Kulturlandschaft. Ökologische Krise und Zersiedlung der Landschaft sind nur zwei Stichworte massentouristischer Negativerscheinungen.

Als gravierendstes Umweltproblem wird die Wasserknappheit angesehen. Jeder Tourist verbraucht pro Tag im Schnitt 250 Liter Wasser mit der Folge, dass bereits heute viele Feuchtgebiete verödet sind. Das knappe Wasserangebot, das durch das Abpumpen des Grundwasserspiegels nicht beseitigt wird, müssen sich der Tourismus und die Landwirtschaft mit ihren Bewässerungsanlagen teilen.

Verfechter eines weiter wachsenden Mittelmeertourismus mit bis zu 655 Mio. Touristen jährlich bis 2025 betonen die wirtschaftliche Bedeutung. Sie äußert sich darin, dass gerade Touristenzentren zu den Wachstumspolen einer Region zählen. Dabei wird außer acht gelassen, welche wirtschaftlichen Auswirkungen die Umlenkung von Touristenströmen durch Naturkatastrophen oder terroristische Anschläge nach sich ziehen würden.

Sanfter Tourismus, Naturtourismus, Ökotourismus und nachhaltiger Tourismus sind Kennzeichen einer neuen Reisekultur. Quantitatives touristisches Wachstum soll die ökologischen Belange und soziokulturelle Auswirkungen, d. h. mögliche Folgekosten, berücksichtigen. Für die Urlaubsregion schließt das nicht unbedingt eine hohe Wertschöpfung, eine optimale Erholung der Touristen und deren Bezug zum regionalen Alltag aus.

Sanfter Tourismus und seine Ziele
Umweltverträglichkeit: Einklang mit der Umgebung (Stärkung des Individualtourismus, Reisen mit öffentlichen Verkehrsmitteln, Verzicht auf touristische Einrichtungen, angepasste Infrastruktur, Schonung von Umwelt und Natur)
Sozialverträglichkeit: Einklang mit gesellschaftlicher Ordnung und Entwicklung (Anpassung an soziale und kulturelle Bedingungen, Rücksicht auf Sitten und Gebräuche, Unterstützung der einheimischen Wirtschaft)

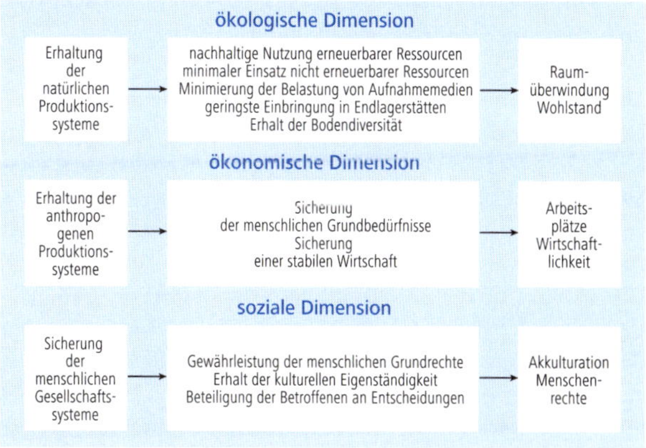

Modell zur Bewertung der Nachhaltigkeit im Tourismus

Nachhaltigkeit im Tourismus umfasst die Dimensionen Ökologie, Ökonomie und Soziales, also z. B. die Verringerung von klimaschädlichen Flugreisen, die Beteiligung der Einheimischen am touristischen Intensivkapital und die Mitbestimmung bei touristischen Entscheidungen. Mithilfe eines nachfrageorientierten Indikatorsystems (Raumüberwindung, Wohlstand, Arbeitsplätze etc.) erfolgt eine Verknüpfung mit den Dimensionen, die hierarchisch in Hauptziele (Erhaltung, Sicherung …) und Teilziele (nachhaltige Nutzung, minimaler Einsatz etc.) gegliedert sind.

Info Reservierung	Anreise	Info vor Ort	Unterkunft	Verpflegung
Touristeninfo	Bus Bahn Flugzeug PKW	Touristeninfo	Hotel Pension Ferienwohnung Camping	Hotel Restaurant Selbstverpflegung

Dienstleistungskette im Tourismus

Das Modell erlaubt Schlussfolgerungen für Tourismusregionen und kann durch weitere Umweltmodule ergänzt werden.

Tourismus in den Alpen

Die Alpen mit einer Einwohnerzahl von rd. 45 Mio. Menschen und rd. 120 Mio. Feriengästen jährlich gehören zu den am stärksten besuchten Urlaubsregionen. Der romantische Bergtourismus vergangener Jahrzehnte ist längst einem erschließungsintensiven Alpentourismus mit Sommer- und Wintersaison gewichen. Noch zu Beginn des 20. Jahrhunderts dominierte der Sommertourismus, der ab den 1960er-Jahren, als Skilaufen sich zu einem Breitensport entwickelte, von einem sich zum Massentourismus ausweitenden Wintertourismus überholt wurde.

Die Kritik erstreckt sich auf ökologische, ökonomische und soziale Bewertungsdimensionen. Unter ökologischen Gesichtspunkten wird die intensive Nutzung und z. T. **Übernutzung** als Vorstufe zur Zerstörung der Landschaft angesehen. Aus dem ökonomischen Blickwinkel ist der Alpentourismus notwendig, denn er erhöht die Steuereinnahmen in den Touristenzentren und trägt zur Arbeitsplatzbeschaffung in Regionen bei, die sich für andere Wirtschaftsbereiche nicht eignen. Die soziale Perspektive hebt die Überfremdung und den Schwund des herkömmlichen Sozialgefüges hervor, negiert aber auch nicht eine positive Auseinandersetzung mit dem Fremden.

Die Vertragsparteien der **Alpenkonvention**, einem internationalen Übereinkommen zum Schutz der Alpen und unterzeichnet

Transport vor Ort	Aktivitäten, Animation	Unterhaltung	Abreise	Nachbetreuung
ergbahn us KW	Wandern Wintersport	Bar Disco Folklore Theater	Bus Bahn Flugzeug PKW	alle Bereiche

von Deutschland, Frankreich, Italien, Liechtenstein, Monaco, Österreich, der Schweiz, Slowenien und der EU, beziehen daher den Naturschutz und die Landschaftspflege in die Tourismusförderung ein. Sie leiten eine nachhaltige Politik ein, welche die Wettbewerbsfähigkeit des naturnahen Tourismus im Alpenraum stärkt und damit einen wichtigen Beitrag zur soziökonomischen Entwicklung des Alpenraumes leistet. Dabei sind Maßnahmen zu bevorzugen, welche die Innovation und Diversifizierung des Angebots fördern.

Die Tourismusindustrie im Alpenraum, insbesondere der Dienstleistungssektor, bildet eine wichtige Existenzgrundlage. Raumwirksame Veränderungen lassen sich an verschiedenen Beispielen belegen.

Um den Langzeit- und Tagestouristen die Anreise zu erleichtern, wurden Straßen auch in entlegene Täler gebaut. Während ein Informationsbüro im Zentrum nur wenig Platz benötigt, führt die hohe **Bautätigkeit** zu einem enormen Flächenverbrauch und zur Zersiedlung der Landschaft. Die Verpflegung der Touristen bedingt einen starken Lkw-Verkehr. Hohes Verkehrsaufkommen mit Parkplatz- und Umweltproblemen kennzeichnet den Aspekt Transport ebenso wie die zahlreichen Seilbahnen. **Outdoor-Aktivitäten** beschränken sich nicht mehr auf einfaches Bergwandern oder Skifahren, sondern werden durch risikoreiche Kletteraktionen, Fahren mit Motorschlitten oder Rafting in den Alpenflüssen ersetzt. Bei der Unterhaltung treten urbane Vergnügungsansprüche in den Vordergrund; regionales Brauchtum verkommt zu folkloristischen Darbietungen.

Da die Touristen in der Regel nicht nur ein einzelnes Angebot in Anspruch nehmen, potenziert die touristische Leistungskette den Wandel der Natur- und Kulturlandschaft. Durch den **Klimawandel**, der den Alpen bereits einen Rückgang der Tage mit Schneebedeckung, ein Abschmelzen der Gletscher und ein Ansteigen der Schneegrenze brachte, könnte der Wintertourismus in seiner bisherigen Form bald der Vergangenheit angehören.

3.3 Regionale Disparitäten in Europa

Wirtschaftliche Unterschiede zwischen den Staaten

Ein Blick auf Gesamteuropa zeigt mit Ausnahme von Portugal ein Einkommensgefälle von West nach Ost. Betrachtet man nur die EU, wird deutlich, dass die Wirtschaftsleistung der nach 2004 beigetretenen Staaten weniger als 75 % des EU-Durchschnitts betrug. Polen, Lettland und Litauen erreichten gerade die Hälfte.

> **Konvergenz, Gegenteil Divergenz**
> Annäherung des Einkommensniveaus; Konvergenztheorie: allmähliche Angleichung der Wirtschafts-, Gesellschafts- und politischen Systeme von Plan- und Marktwirtschaften

Anhänger der Konvergenztheorie sehen durch Direktinvestitionen und freien Handel einen schnellen Aufholprozess. Als Beispiel wird u. a. Irland aufgeführt, das bei seinem Beitritt 1973 zu den wirtschaftlich ärmsten Ländern gehörte. Insgesamt wird die Konvergenz der neuen Mitgliedsstaaten allerdings noch Jahrzehnte brauchen.
Die Divergenztheorie geht davon aus, dass die wirtschaftlichen Unterschiede nicht kleiner, sondern größer werden, da Investitionen nur in dynamischen Volkswirtschaften getätigt werden.

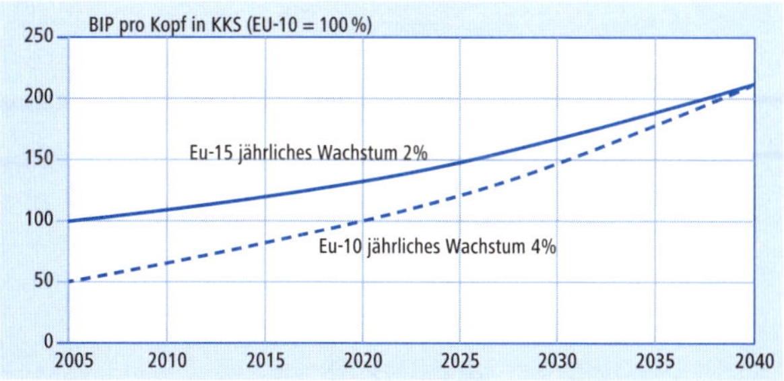

Der lange Weg zur Konvergenz

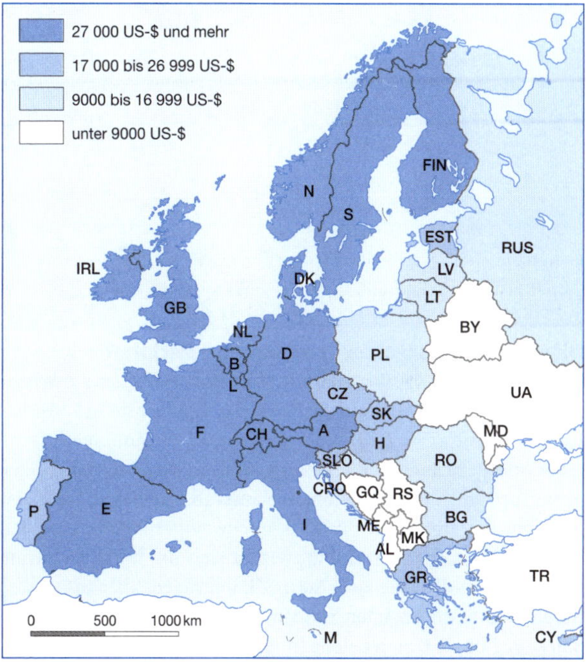

BNE pro Kopf 2009

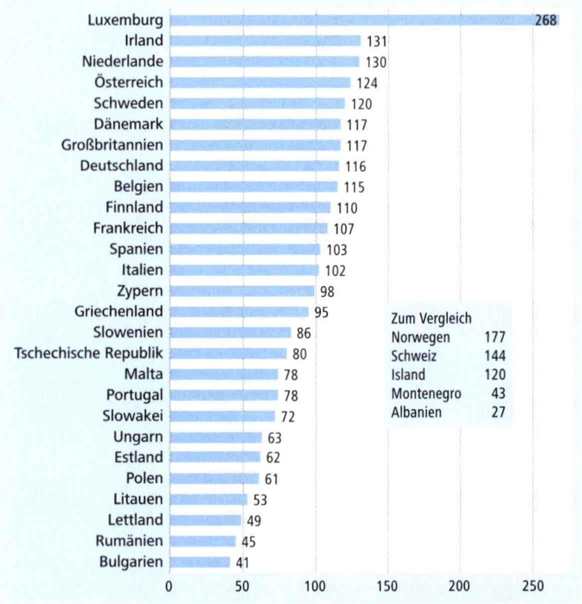

Wirtschaftsleistung 2009 pro Kopf (EU-27 = 100) in Kaufkraftstandards

Disparitäten zwischen Zentrum und Peripherie

Bezogen auf die Kaufkraftparität (EU-27=100) lagen die Werte 2004 zwischen 302,9 % und 25,6 %. Leistungsstärkste EU-Region war nach der NUTS-2-Klassifizierung Inner London, gefolgt von Luxemburg, Brüssel und Hamburg. Dabei ist zu beachten, dass Frankfurt und Paris eine höhere Kaufkraft aufweisen als Inner London, aber nur in der NUTS-1-Ebene aufgeführt werden. Bei Inner London und Luxemburg ergibt sich die hohe Kaufkraft durch die Pendler, die zwar zum BIP beitragen, aber in der auf die Einwohner bezogenen Statistik nicht erscheinen.

Starke regionale Unterschiede treten auch innerhalb der Staaten auf, in Deutschland z. B. erreichte die reichste Region, gemessen am EU-27-Durchschnitt, 195,2 %, die ärmste nur 75,8 %. Ähnliche Unterschiede sind ebenfalls in Frankreich, Italien und Spanien zu erkennen.

NUTS Gebietseinheiten für die Statistik der EU (Nomenclature of Territorial Units for Statistics)
NUTS 1: 3 – 7 Mio. Einwohner, in Deutschland Bundesländer;
NUTS 2: 800 000 – 3 Mio. Einwohner, in Deutschland Regierungsbezirke, in Belgien und den Niederlanden die Provinzen
NUTS 3: 150 000 – 800 000 Einwohner, in Deutschland Kreise
NUTS 0: Staaten

Die ärmsten Regionen liegen in Polen, Rumänien und Bulgarien. Sie erreichen höchstens ein Viertel bis ein Drittel des EU-Durchschnitts.

Die wirtschaftlich am wenigsten entwickelten Regionen liegen am Rand der EU, in der Regel in ländlichen, strukturschwachen und verkehrsfernen Räumen. Derartige periphere Regionen sind nicht nur in den neuen Mitgliedsstaaten zu finden, sondern auch in Portugal, im Süden Spaniens, Italiens und Griechenlands. Altindustrialisierte Räume in der EU-15, aber auch monostrukturierte Industrieregionen in den Transformationsländern, z. B. Oberschlesien, sind von hoher Arbeitslosigkeit betroffen und warten noch auf positive Wachstumsprozesse.
Die Wirtschaftsdynamik entfaltet sich in drei Bögen: von London bis nach Norditalien, von Nordspanien über Südfrankreich ebenfalls nach Norditalien und von Kopenhagen bis Helsinki. Besonders auffällig ist die Wirtschaftskraft der großen Städte, von denen die meisten gleichzeitig Hauptstädte des Landes sind. Hier macht sich die Konzentration von Unternehmen mit Hightech-Produkten und spezialisierten Dienstleistungen bemerkbar, sodass ausländische Direktinvestitionen gerade hierher fließen. Die Innovationsbereitschaft wird durch die gute Ausstattung mit Schulen, Hochschulen und Forschungseinrichtungen sowie Verkehrs- und Telekommunikationseinrichtungen noch verstärkt.

Ein weiterer Standortvorteil von Großstadtregionen ergibt sich durch die räumliche Nähe (Fühlungsvorteil) und den Austausch zwischen benachbarten Unternehmen.

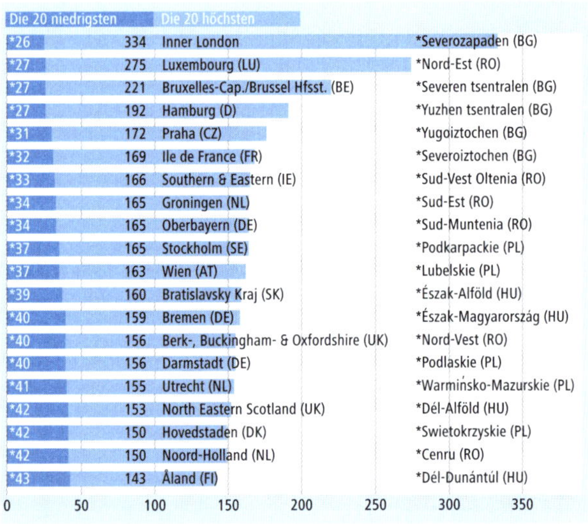

BIP pro Kopf in KKS 2007 in % des EU-Durchschnitts auf NUTS-2-Ebene

Disparitäten in einem Transformationsland – Beispiel Slowakei

Staat und Bevölkerung

Fläche: 49 034 km² (etwas mehr als Niedersachsen), Einwohner 2010: 5,42 Mio. (rd. 3x so viel wie Hamburg)

Politische Ausgangslage

Bis 1989 Teil der Tschechoslowakischen Sozialistischen Republik, seit 1. 1. 1993 unabhängige Republik Slowakei

Wirtschaftliche Ausgangslage

Als Teilregion der Tschechoslowakei eingebunden in RGW und Zentralverwaltungswirtschaft, aber weniger entwickelt als tsche-

chischer Teil, starker Anteil der Rüstungsindustrie, Haupthandelspartner Sowjetunion und DDR
Ab 1990: Beginn der Privatisierung; 1991/92: Rückgang der Industrieproduktion um 12,9 %, Anstieg der Arbeitslosigkeit
Aktuelle Wirtschaftslage
Hohes Wirtschaftswachstum (2000: 2 %, 2005: 6,7 %, 2007: 10,6 %, 2009: – 4,7 %, 2010: 2,8 %; Import aus EU 2009: 68 %, Export in EU: 86 %. Wachsende ausländische Direktinvestitionen: 2000: 3,7 Mrd. US-$, 2008: 1,0 Mrd. US-$; Bestand an ausländischen Direktinvestitionen: 2008: 26,8 Mrd. US-$.
Wirtschaftspolitische Entscheidungen
Abschluss der Transformation zur Marktwirtschaft, 2004 Einführung der Einheitssteuer (flat tax) von 19 % statt progressiver Steuersätze zwischen 10 und 38 %, gilt auch für Unternehmensgewinne statt vorherigen 25 %, staatliche Investitionsanreize, Verkürzung der Genehmigungsverfahren beim Grundstückserwerb und Immobilienbau, Förderung von Unternehmen in strukturschwachen Gebieten
Grund für Wirtschaftsaufschwung
Boomende Autoindustrie einschließlich Kfz-Teile-Zulieferer; Pkw-Produktion 2002: 225 000, 2007: 700 000, 2010 (Prognose): 1 Mio.; Beschäftige in der Kfz-Industrie: 2002: 50 000, 2005: 65 000, 2010 (Prognose: 100 000, d. h. 30 000 mehr als in der früheren Rüstungsindustrie; geringe Lohnkosten: 3, 5 €/Stunde
Standorte der Autoindustrie
Volkswagen Slovakia (seit 1992) : Devinska Nova (bei Bratislava), Martin (Nordslowakei), Haniska bei Kosice (Westslowakei)
PSA Peugeot Citroen: Trnava (seit 2006, Westslowakei), staatliche Förderung 215 Mio. €
Kia Motors Slovakia, südkoreanischer Autoproduzent: Zilina (seit 2006, Nordslowakei), staatliche Förderung 257 Mio. €

Räumliche Disparitäten

Westen: wie in der Vergangenheit größere Wirtschaftskraft als der Osten, gut ausgebaute Infrastruktur, dichtes Netz von in- und

ausländischen Zulieferern, Anteil der Direktinvestitionen 60 %, geringe Arbeitslosigkeit im Raum Bratislava, bereits Arbeitskräftemangel für qualifizierte Tätigkeiten, Teil der Beschäftigten pendelt täglich 100 km bis zum Arbeitsplatz, starkes Wohlstandsgefälle nach Osten
Osten: geringere Wirtschaftskraft als der Westen, Kaufkraft teilweise nur ein Drittel von der Bratislavas, wenig entwickelte Verkehrsinfrastrukur (keine Autobahn), hohe Arbeitslosigkeit (bis 30 %), geringes Lohnniveau, deswegen Zunahme von ausländischen Investitionen, Förderung der strukturschwachen Region durch den Staat

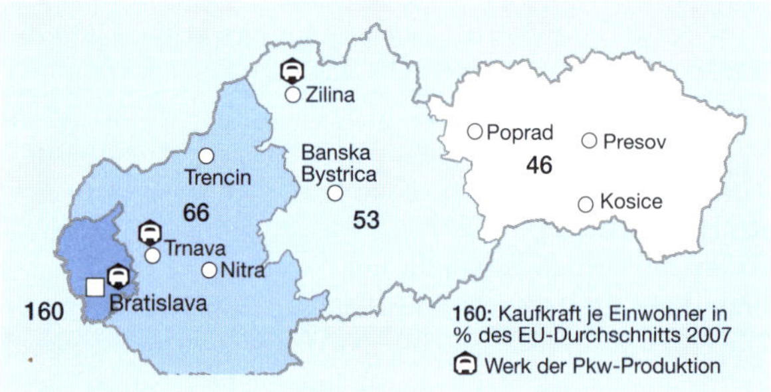

Wirtschaftliche Disparitäten in der Slowakei

Ziele und Zielgebiete der Strukturförderung
Der EWG-Vertrag von 1958 (Römische Verträge) enthielt schon die Forderung, regionale Disparitäten abzubauen. Auch nach den Erweiterungen konnten die weniger entwickelten Mitgliedsstaaten ihre regionalen Probleme finanziell nicht allein lösen. Sie erwarteten finanzielle Unterstützung, ähnlich wie beim Länderfinanzausgleich in Deutschland. Damit sollen auch der soziale Friede und die Stabilität der EU gesichert werden.
Für die **EU-Strukturförderung** von 2007–2013 stehen rd. 308 Mrd. Euro zur Verfügung, davon für die EU-15 rd. 150 Mrd. € und für die EU-Mitgliedsstaaten seit 2004 rd. 158 Mrd. €.

Instrumente der Strukturförderung sind:
Europäischer Fonds für Regionale Entwicklung (EFRE), Europäischer Sozialfonds (ESF) und *Kohäsionsfonds.*
Der überwiegende Teil der EU-Regionen erhält finanzielle Mittel für Ziel 2 (Wettbewerbsfähigkeit). Ziel-1-Gebiete (Konvergenz) sind die baltischen Staaten, Polen, die Tschechische Republik, die Slowakei, Ungarn (Ausnahme Budapest), Griechenland (Ausnahme Athen), die italienischen Regionen Kampanien, Apulien, Kalabrien und Sizilien.

Ziel 1: Konvergenz
- Beschleunigung der Konvergenz in Regionen mit weniger als 75 % des BIP / KKS-EU-Durchschnitts
- Förderung des Wachstums und Schaffung von Arbeitsplätzen
- Förderung von Unternehmen (z. B. Unterstützung von Innovationen, Weiterbildung, Export von Erzeugnissen, Ausbildung)
- Förderung der Infrastruktur (Verkehr, Telekommunikation)
- Förderung der Humanressourcen (menschliches Wissen/Knowhow)

Ziel 2: Regionale Wettbewerbsfähigkeit und Beschäftigung
- Stärkung der Regionen mit hohen Wachstumsraten und der übrigen Regionen mit Wachstumspotenzial
- Hilfen zur Bewältigung des wirtschaftlichen und sozialen Wandels
- Förderung von Ausbildung, Innovationen, Beschäftigung und Unternehmertum

Ziel 3: Europäische territoriale Zusammenarbeit
Unterstützung grenzüberschreitender u. interregionaler Projekte

Ziele der EU-Strukturförderung 2007–2013

Malta gehört ebenso dazu wie die spanischen Regionen Andalusien, La Mancha und Estremadura sowie Portugal (Ausnahme Lissabon). In Großbritannien sind es Cornwall und West Wales, in Deutschland Mecklenburg-Vorpommern, Teile von Brandenburg, Sachsen-Anhalt, Thüringen und Sachsen. Einige Regionen verlieren den Förderstatus: Teile von Niedersachsen, Brandenburg, Thüringen und Sachsen, griech. Makedonien, Basilicata (Italien), Murcia und Asturien (Spanien), Algarve (Portugal) und Highlands and Islands (Schottland).

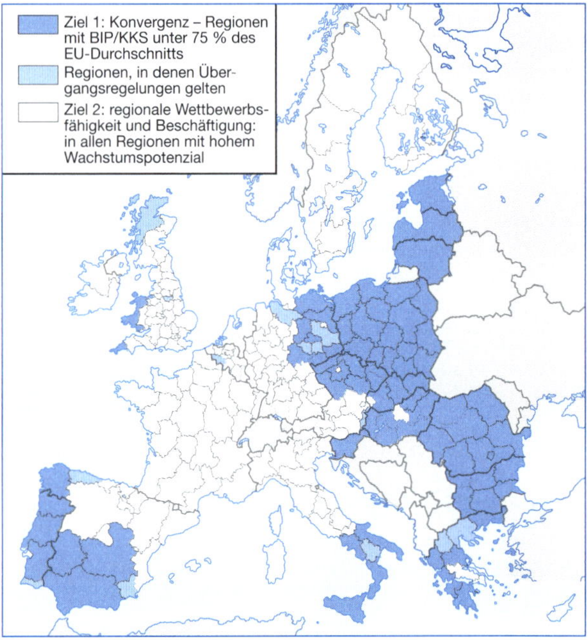

Gebiete der EU-Strukturförderung 2007–2013

Strukturpolitik für die Entwicklung ländlicher Räume

In der EU sind 90 Prozent der Fläche ländliche Gebiete, in der rd. die Hälfte der EU-Bevölkerung lebt. Die Förderung, primär der Landwirtschaft und des ländlichen Raumes, erfolgte in der Vergangenheit aus verschiedenen Töpfen. Ein wichtiges Finanzierungsinstrument der *Gemeinsamen Agrarpolitik* (*GAP*) war ab 1991 der **LEADER** (frz. *Liaison entre actions de dévelopment de l´économie rurale, Verbindung zwischen Aktionen zur Entwicklung der ländlichen Wirtschaft*). Leader+ war eine aus dem EU-Strukturfonds finanzierte Initiative und sollte helfen, das langfristige Potenzial im ländlichen Raum zu entwickeln.

Ab 2000 wurde als zweite Säule der GAP die ländliche Entwicklung eingeführt. Bei diesem integrierten Ansatz sollten alle Maßnahmen zur Entwicklung des ländlichen Raumes zusammengefasst werden. Vorrangig ging es um die Erhaltung der ländlichen Gebiete durch die Entwicklung ihrer Wirtschaft und Ressourcen. Neben Umweltschutzmaßnahmen sollte die Diversifizierung der Einkommen im ländlichen Raum gefördert werden, u. a. durch Tourismus auf dem Bauernhof oder den Anbau nachwachsender Rohstoffe. Der Schutz des ländlichen Kulturerbes wurde ebenfalls als förderungswürdig angesehen.

Nach dem Beitritt der neuen EU-Mitgliedsstaaten ab 2004 traten die Schwächen ihrer ländlichen Räume noch deutlicher hervor. Kennzeichnend sind ein hoher Anteil von Kleinbetrieben, die z. T. nur Subsistenzwirtschaft betreiben. Unzureichende Qualifikationen und Managementfähigkeiten, zu wenige Arbeitsplätze außerhalb der Landwirtschaft, eine schlechte Infrastruktur und eine schwach entwickelte lokale Entwicklungskoordination begünstigte die Abwanderung junger Menschen. Die Stärken wie hohe Verfügbarkeit von Arbeitskräften oder das Erholungspotenzial der Landschaft und selbst das gute Ansehen der einheimischen Produkte konnten dem Abwanderungstrend nicht angemessen entgegengesetzt werden.

Der *Europäische Landwirtschaftsfonds für die Entwicklung des ländlichen Raums* – **ELER** – bildet seit 2005 den Rahmen für die 2. Säule der Gemeinsamen Agrarpolitik (GAP) für den Zeitraum von 2007–2013 (1. Säule der GAP: Marktorientierung statt Marktstützung). Die Förderung konzentriert sich auf die drei Hauptbereiche Agrarlebensmittelindustrie, Umwelt sowie ländliche Wirtschaft und Bevölkerung im weiteren Sinne.

ELER benennt drei inhaltliche Schwerpunkte:

- Steigerung der Wettbewerbsfähigkeit der Land- und Forstwirtschaft durch Förderung der Umstrukturierung, der Entwicklung und der Innovation.

Das Humanpotenzial soll qualifiziert werden und Beratungsdienste in Anspruch nehmen. Zur Steigerung der Produktivität und Rentabilität in der Landwirtschaft erfolgen Maßnahmen zur Verarbeitung und Vermarktung.

- Verbesserung der Umwelt und der Landschaft

Gefördert wird die nachhaltige Bewirtschaftung von landwirtschaftlichen und bewaldeten Flächen.

- Verbesserung der Lebensqualität im ländlichen Raum und Förderung der Diversifizierung der ländlichen Wirtschaft

Die ländliche Wirtschaft wird z. B. durch neue Dienstleistungseinrichtungen unterstützt.

LEADER entfällt als eigenständiges Förderinstrument und ergänzt die Schwerpunkte. In einem nationalen Strategieplan werden die strategischen Leitlinien der EU umgesetzt.

Gebiete der EU-Strukturförderung 2007–2013

Grenzüberschreitende Zusammenarbeit

Politische Grenzen zerschneiden Wirtschafts- und Kulturräume, sodass Grenzregionen von jeher periphere und oft auch strukturschwache Räume waren und z. T. heute noch sind. Mit der Gründung der EG setzte eine grenzüberschreitende Zusammenarbeit im Westen ein. Die erste sog. Euregio entstand 1958 an der deutsch-niederländischen Grenze.

Als Steuerungsinstrument für Euroregionen setzte die EU die **Interreg-Programme** ein, mit denen Darlehen und Zuschüsse gewährt wurden, um dafür zu sorgen, dass nationale Grenzen kein Hindernis für die Entwicklung und Integration des europäischen Raumes bilden. Hemmend wirken sich jedoch immer noch die historische Vergangenheit, Sprachprobleme und das Wohlstandsgefälle aus, obwohl die EU-Binnengrenzen zunehmend an Bedeutung verlieren.

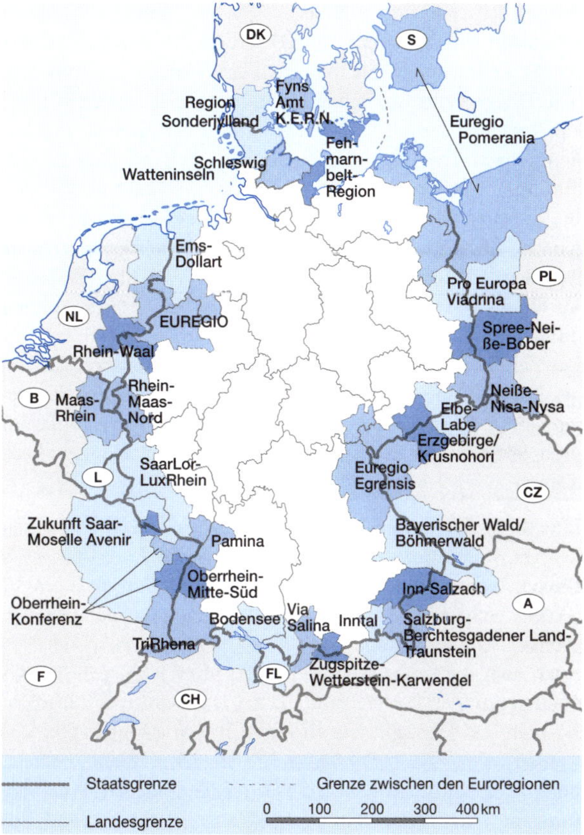

Euregios an den Grenzen Deutschlands

Euroregion, Euregio, Europaregion
grenzüberschreitende Zusammenschlüsse von Regionen mit dem Ziel grenzüberschreitender Zusammenarbeit

Die Kooperation zwischen den Euroregionen umfasst die Bereiche Wirtschaft und Verkehr, soziale und kulturelle Kontakte sowie den Umweltschutz. Die EU fördert die grenzüberschreitende, die transnationale und die interregionale Zusammenarbeit. Die grenzübergreifende Zusammenarbeit bezieht sich auf alle Regionen der NUTS-3-Ebene entlang der Binnen- und Außengrenzen. Transnationale Zusammenarbeit soll auch die Verbindung zwischen maritimen Regionen erleichtern.
In der neuen Förderperiode der EU bis 2013 löst das Ziel **Europäische Territoriale Zusammenarbeit** das bisherige Interreg ab. Aus dem EU-Strukturfonds stehen dafür 7,75 Mrd. Euro zur Verfügung, davon für Deutschland 756 Mio. €. Die Mittel können durch nationale Zuwendungen ergänzt werden.
Die Zahl regionaler Kooperationen ist mittlerweile auf über 70 gestiegen, allein 10 an Polens Grenzen seit 1990. Einige Euroregionen sind nicht nur bilateral verbunden, sondern umfassen grenzüberschreitende Zusammenarbeit von drei oder mehr Ländern.

Eine starke Zunahme erfolgte insbesondere in den Grenzräumen der Transformationsstaaten. Beispiele sind die *Euregio Beskydy* (Polen, Tschechische Republik, Slowakei), die *Euregio Glacensis* (Polen, Tschechische Republik) und die *Euregio Silesia* (Polen, Tschechische Republik).
Auch über die Außengrenzen der EU hinweg wurden Euregionen gegründet. Beispiel sind die *Adria-Euroregion* (Albanien, Bosnien und Herzegowina, Kroatien, Italien, Montenegro, Slowenien), die *Baltische Euroregion* (Dänemark, Lettland, Litauen, Polen, Russland, Schweden), die *Euroregion Karelien* (Finnland, Russland), die *Neman-Euroregion* (Weißrussland, Lettland, Polen, Russland).

Entwicklung städtischer und ländlicher Räume – Raumordnung

4.1 Siedlungs- und Stadtentwicklung

Entwicklung von Siedlungssystemen

Bevorzugte Siedlungsgebiete in der Agrargesellschaft lagen an Flüssen, deren Wasser für die häusliche Versorgung, als Transportweg oder für die Feldbewässerung genutzt werden konnte. Die Talauen boten zugleich Möglichkeiten für die landwirtschaftliche Nutzung und die Anlage von Siedlungen. Aus günstig gelegenen Hafenorten gingen später oft Handelsstädte hervor. Die **Siedlungsgunst** war dort eingeschränkt, wo die Flüsse häufig über die Ufer traten oder wo Wasser nicht immer in ausreichenden Mengen zur Verfügung stand wie z. B. auf den Karsthochflächen.

Siedlungssystem
Gesamtheit der Siedlungen (= menschliche Niederlassungen), durch Funktionsverflechtungen miteinander verbunden
Ökumene
menschlicher Siedlungs- und Wirtschaftsraum, durch naturgegebene Grenzen bestimmt (Kälte-, Trocken-, Höhengrenze); Gegenteil: Anökumene, vom Menschen nicht besiedelt

Zu den Lagefaktoren zählte neben Klima und Vegetation auch das Relief, hier insbesondere die Bergsporne, Hügel und Hanglagen, auf denen Schutzbauten und Burgen entstanden. In unmittelbarer Nachbarschaft siedelten sich Bauern und Kaufleute an, sodass hier die Ursprünge der späteren Städte zu finden sind. Zu Siedlungskernen entwickelten sich die Kreuzungen von Fernhandelswegen, aber auch die Stützpunkte, die die Kaufleute nach einer Tagesetappe aufsuchten.

Die heutigen Dörfer und Städte sind Dauersiedlungen, die die grundlegenden Bedürfnisse bzw. Funktionen erfüllen sollen. Ein Raum muss über eine bestimmte Ausstattung verfügen, um die **Daseinsgrundfunktionen** (sich fortpflanzen, in Gemeinschaft leben, wohnen, arbeiten, sich versorgen, sich bilden, sich erholen, am Verkehr teilnehmen, entsorgen) abzudecken.

In unserer arbeitsteiligen Gesellschaft kann eine Siedlung allein nicht alle Grundbedürfnisse befriedigen, folglich ist ein Zusammenwirken mit anderen Siedlungen unumgänglich.

Ländliche Siedlungen dienten ursprünglich einer an eine Fläche gebundenen Produktion von Nahrungsmitteln sowie pflanzlichen und tierischen Stoffen. Daraus entwickelten sich verschiedene Dorfformen wie das geschlossen bebaute Haufendorf mit einem unregelmäßigen Grundriss, das sich an den topographischen Gegebenheiten orientierende langgezogene Straßendorf oder das an Entwässerungskanälen planmäßig angelegte Marschhufen- oder Moorhufendorf (Eine Hufe war das Gebiet, das eine Familie zum Lebensunterhalt brauchte.). Wegen der unterschiedlichen Bemessungszahlen für die Größe eines Dorfes sind Vergleiche schwierig. Während in Deutschland die Größenklassifikation von Gemeinden vorherrscht, werden in Skandinavien bereits Orte mit mehr als 200 Einwohnern als Städte geführt.

Städtische Siedlungen entwickelten sich aus Dörfern mit neuen Funktionen und Bevölkerungszuzug oder gehen auf planmäßige Gründungen zurück. Maßgeblichen Anteil am Städtewachstum hatten Industriegründungen und Innovationen im Verkehrsbereich (Eisenbahn, Pkw). Die Verdichtung von Siedlungen und die funktionale Verflechtung von Städten wird als **Agglomeration** bezeichnet.

Unter *Stadt-Land-Dichotomie* (*dichotom* = griech. zweigeteilt) versteht man die gegensätzlichen Lebensformen von Stadt und

Dorf. Das Stadt-Land-Kontinuum geht von einer durch Verdichtung und Suburbanisierung begünstigten Angleichung der Lebensverhältnisse aus.

Stadtmodelle

Das **Zonen- oder Ringmodell** wurde von dem amerikanischen Soziologen Ernest W. Burgess 1925/1929 am Beispiel von Chicago entwickelt. Um die City legt sich eine Übergangszone, der sich weitere Ringe mit Wohngebieten unterschiedlicher Sozialstruktur anschließen. Burgess nahm an, dass Zuwanderer zunächst in das innere Stadtgebiet ziehen wegen der dort niedrigeren Mieten und geringeren Entfernung zum Arbeitsplatz. Mit wachsendem Wohlstand wandert die zweite Generation aus dem inneren Stadtbereich ab. Kritiker bemängeln, dass die räumliche Wirklichkeit nur unzureichend erfasst wird.

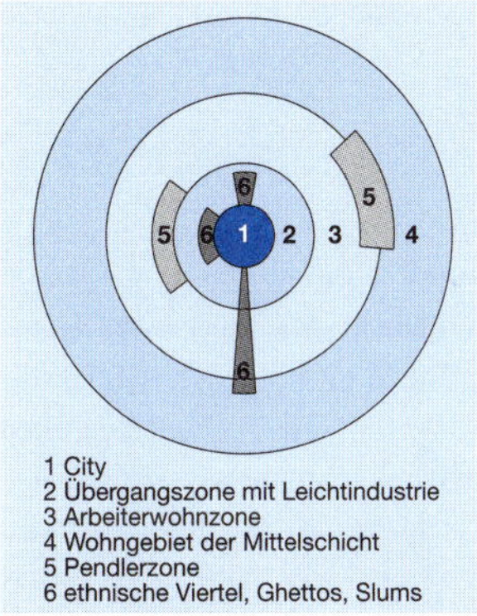

Ringmodell (Burgess)

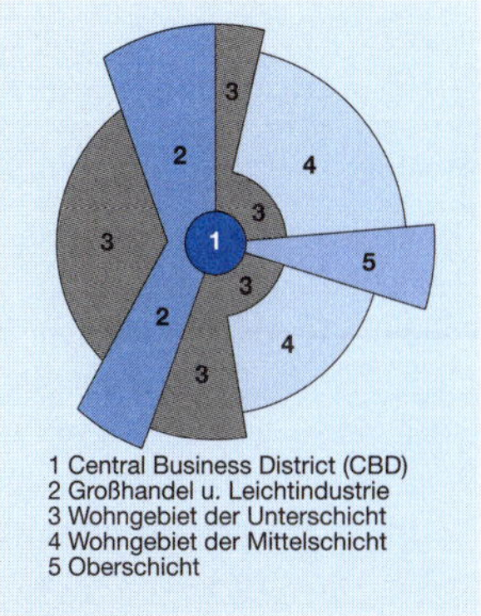

Sektorenmodell (Hoyt)

Für das von Homer Hoyt 1939 vorgestellte **Sektorenmodell** bildeten die Mietpreise in 30 US-Städten die Grundlage. Der Stadtkern wird von ringförmigen und sektoralen Strukturelementen umgeben, die sich an Ausfallstraßen, Schnellbahntrassen und Wohngebieten orientieren. Hoyts These, dass die Oberschicht durch Verlagerung ihrer Wohnstandorte zur Ausdehnung der Stadt beiträgt, ist überholt. Wenn Wohngebäude wegen zu hoher Mieten verlassen werden, drängen Bevölkerungsgruppen der darunterliegenden Einkommensschicht nach.

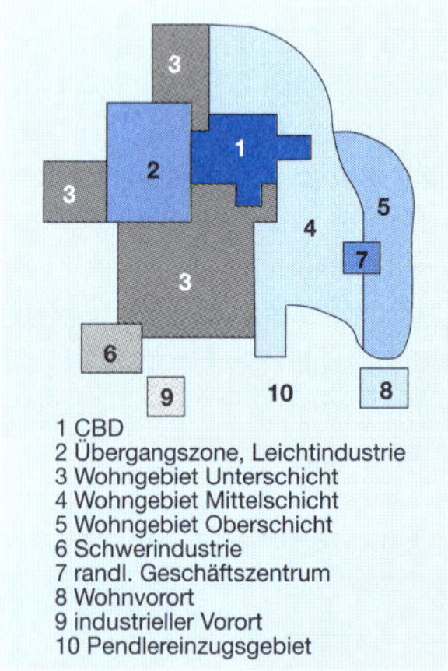

Mehrkernmodell (Harms/Ullman)

Burgess modifiziert (White)

Das **Mehrkernmodell** wurde 1945 von C. D. Harris und E. L. Ullmann vorgelegt. Mit dem Wachstum der Stadt, teils durch Eingemeindungen von Vororten, nimmt die Zahl der Kerne zu (periphere Geschäfts-, Industrie- und Gewerbezentren). Die Wohngebiete weisen ein Sozialgefälle von außen nach innen auf. Die Industriekerne liegen am Rand der Stadtmitte, am Stadtrand, in den Vororten.
1987 legte der Amerikaner M. White ein **Stadtmodell für das 21. Jahrhundert** vor. Die Funktionen des CBD bleiben weitgehend erhalten, nur um den Kern bildet sich eine Stagnationszone ohne nennenswerte Investitionen, die als Wohngebiet der ärmeren Bevölkerung zu Slums absinkt. Die Wohngebiete der Mittelschicht liegen verstreut, die der Oberschicht an der Stadtgrenze, z. T. noch nahe des Kerns. Eingestreut sind Inseln mit ethnischen

Minoritäten, Büro- und Geschäftszentren sowie Forschungseinrichtungen. An den peripheren Schnittpunkten von Ringstraßen und axialen Stadtautobahnen entwickeln sich Dienstleistungsbetriebe in Konkurrenz zum CBD.

Innere Differenzierung der Stadt

Städtische Funktionen umfassen u. a. den Wohn- und Freizeitbereich, die Versorgung der Bevölkerung, Verwaltungs-, Transport- und Kommunikationsaufgaben sowie spezifische wirtschaftliche Tätigkeiten. In der vorindustriellen Zeit zeichnete sich die europäische Stadt durch die Konzentration von Handel, Handwerk, administrativen und kirchlichen Funktionen aus. Durch die Arbeitsteilung und Trennung von Wohn- und Arbeitsplatz entstand eine Funktionsentmischung, die zur **Viertelsbildung** führte. Die Gliederung in Raumeinheiten mit einer vorherrschenden Nutzung – **funktionale Stadtgliederung** – wird an Bezeichnungen wie Bahnhofs-, Geschäfts- oder Regierungsviertel deutlich. Man unterscheidet Viertel unterschiedlicher Funktion als Ergebnis des Zusammenwachsens von Städten und Viertel gleicher Funktion mit unterschiedlicher Qualität. Um die räumliche Anordnung der Nutzungen zu erfassen, werden Gebäude und Flächen kartiert. Die so gewonnenen Regelhaftigkeiten finden ihren Niederschlag im **Flächennutzungsplan** mit der Grobunterteilung in Wohnbau-, Gewerbe-, Verkehrs-, Sonder-, Freiflächen und Infrastruktureinrichtungen.

Die Dokumentation im F-Plan ermöglicht zwar eine Beschreibung der funktionalen Stadtgliederung und stellt die Art der Bodennutzung dar, aus der sich eine zukünftige städtebauliche Entwicklung ableiten lässt. Für eine Erklärung der räumlichen Stadtstruktur reicht er jedoch nicht aus. Im Gegensatz zur funktionalen Stadtgliederung werden bei der **funktionsräumlichen Stadtgliederung** Funktions- und Einzugsbereiche ermittelt, wie z. B. von Geschäften, Schulen, Freizeiteinrichtungen oder Verwaltungsbezirken. Hier stehen Entfernungen und Beziehungsgeflechte im Mittelpunkt der Untersuchungen.

Mithilfe von Indikatoren lässt sich die Sozialstruktur und ihre Verteilung feststellen. Zu den häufigsten Merkmalen, die untersucht werden, gehören Familien- und Einkommensstatus, Berufs- und Erwerbsstruktur, Staatsangehörigkeit und Religion. Aus der **sozialräumlichen Gliederung** ergibt sich das Bild der **sozialräumlichen Stadtviertel** mit typischer Sozialstruktur. Sie spiegeln die räumliche Trennung von sozialen Gruppen und Schichten wider. Die soziale und ethnische **Segregation** ist in den reichen Industrieländern mit Ausnahme der USA nur wenig ausgeprägt, gehört aber in den Entwicklungs- und Schwellenländern zum beherrschenden Muster.

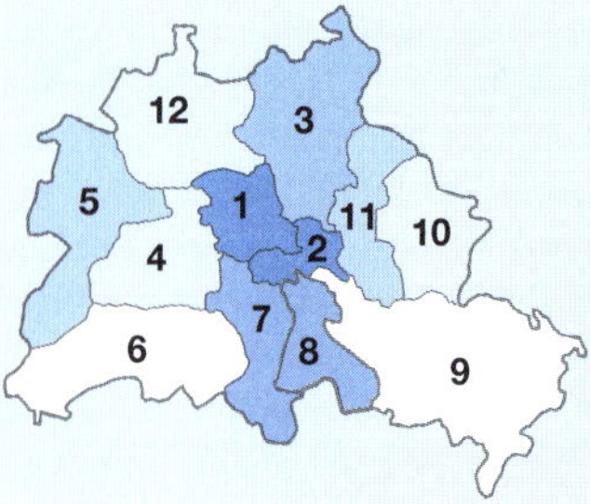

	Bezirke	Wert
1	Mitte	-1,3991
2	Friedrichshain-Kreuzberg	-1,2238
3	Pankow	-0,5234
4	Charlottenburg-Wilmersdorf	0,9776
5	Spandau	-0,3237
6	Steglitz-Zehlendorf	1,7871
7	Tempelhof-Schöneberg	0,3114
8	Neukölln	-1,3664
9	Treptow-Köpenick	0,9150
10	Marzahn-Hellersdorf	-0,3923
11	Lichtenberg	-0,0519
12	Reinickendorf	0,2425

Sozialindex für die Berliner Bezirke 2008; Wert 0 = Berliner Durchschnitt

Um die räumliche Sozialstruktur zu ermitteln, werden verschiedene **Merkmale** bzw. deren Variablen erfasst.

- Gesundheitliche Merkmale (mit Variablen in Klammer):
  - Mortalität (vorzeitige Sterblichkeit, Lebenserwartung)
  - Morbidität (Erkrankungen an offener TB)
  - Gesundheitsverhalten (Ernährung, Alkohol, Nikotin, Vorsorge)
- Soziale Merkmale (Variable):
  - demographisch-haushaltsstrukturelle Merkmale (Altersstrukturen, Ausländeranteil, Schulabschluss)
  - soziökonomische Merkmale (Arbeitslosenquote, Sozialhilfeempfänger, Einkommen).

Bei der Faktorenanalyse ersetzt man die Variablen durch eine einzige neue Variable. Aus den Faktoren kann die soziale Struktur im **Sozialindex** abgelesen werden. In Berlin sprechen positive Werte (Steglitz-Zehlendorf) für eine günstige, negative Werte (Friedrichshain-Kreuzberg) für eine ungünstige Sozialstruktur.

Die City

Der **Begriff City** wird im Deutschen häufig mit Stadtkern, Stadtmitte oder Stadtzentrum gleichgesetzt. Er ist nicht immer identisch mit der **Altstadt**, die aus einem historischen Kern besteht. Die City ist der zentral gelegene Teil der Stadt mit der höchsten baulichen Verdichtung und der höchsten Konzentration von städtischen Funktionen. City und Altstadt können wie z. B. in Köln den gleichen Raum einnehmen, sich verzahnen und über die Altstadt hinausgreifen wie in Frankfurt am Main oder nebeneinanderliegen wie in Saarbrücken. Manche Welt- und Großstädte haben mehrere Cities wie z. B. Berlin mit der City West um die Gedächtniskirche und den Kurfürstendamm und der City Ost um den Alexanderplatz. Altstadt und Stadterweiterungsgebiete, meist aus dem 19. Jahrhundert, werden oft als **Innenstadt** bezeichnet.

Der Ursprung des Citybegriffs geht auf England zurück und galt anfangs nur für eine Bischofsstadt. Er wurde dann auf die **City of London** übertragen, die einen von einer römischen Befestigung umschlossenen Raum umfasste. Die rd. 2,6 km² große Fläche wird heute im Süden von der Themse begrenzt und verläuft landseitig vom Tower über Liverpool Street, nördlich von London Wall über Holborne Viaduct und Chancery Lane. Um 1800 lebten 128 000 Menschen in der City, die dank ihres Hafens und Überseehandels besondere Fühlungsvorteile für Handelshäuser, Banken und Versicherungen bot. Heute hat die City of London weniger als 4000 Personen an Wohnbevölkerung, aber täglich strömen Hunderttausende von Pendlern ein und aus.
Im angelsächsischen Sprachgebrauch meint City jedoch nicht das zentrale Stadtgebiet, sondern eine gesamte Großstadt – im

Gegensatz zu Klein- und Mittelstädten, die als Towns bezeichnet werden. Für das eigentliche Stadtzentrum wird der Begriff „city centre" verwendet, das wiederum noch in einen **Central Business District** (**CBD**) unterteilt ist. Im CBD, amerikanisch Downtown, konzentrierte sich ursprünglich der Einzelhandel, heute ist er der Hauptgeschäftsbereich mit einer Vielfalt von Funktionen.

Die **physiognomischen Merkmale** der City verknüpfen Aspekte der Grundriss- und Aufrissgestaltung.

- Die Bebauungsdichte und Bauhöhe sind wegen der Grundstückspreise sehr hoch. Bei den Gebäuden überwiegen Stahlbeton- und Stahlskelettkonstruktionen mit großen Glasflächen. Insgesamt herrscht eine Sacharchitektur vor.
- Im Erdgeschoss dominieren geschlossene Ladenfronten mit hoher Schaufensterdichte, die sich in den oberen Geschossen fortsetzt. Auffällig ist der Repräsentationsaufwand mit großen Werbeflächen, der auch die Gebäudefassaden einbezieht.
- Fußgängerzonen, Einkaufspassagen, Kolonnaden und cityintegrierte Shopping Centers sollen Einkaufen zu einem „Erlebnis" machen. Die Entfernungen mit ca. zehn Gehminuten sind auf die Bedürfnisse der Fußgänger abgestimmt.
- Für den ruhenden Verkehr stehen Parkplätze und Parkhäuser zur Verfügung.

Die **funktionalen Merkmale** beziehen sich auf die Standorte bzw. Standort- und Funktionsverflechtungen in der City, die die höchsten zentralörtlichen Funktionen wahrnimmt.

- Cityprägend sind hochspezialisierte Einzelhandelsgeschäfte, u. a. Modeboutiquen, Juweliere, Geschäfte für Unterhaltungselektronik, Kauf- und Warenhäuser mit einem breiten Sortiment unterschiedlichster Güter. Ferner konzentrieren sich hier Rechtsanwalts- und Arztpraxen sowie Reisebüros, Luftverkehrsgesellschaften, Gastronomiebetriebe und kulturelle Einrichtungen wie Theater und Oper.

- Die Häufung einzelner Funktionen führt zu einer räumlichen Gliederung in Funktionsviertel, Beispiel Hauptgeschäftsstraße oder Bankenviertel.
- Der Anteil des verarbeitenden Gewerbes ist gering.
- Die Arbeitsplatzdichte ist hoch, die Zahl der Wohnbevölkerung niedrig. Die Dichte der Tagbevölkerung unterscheidet sich wegen der Einpendler gravierend von der der Nachtbevölkerung.

Stadtentwicklung in Mitteleuropa

Die europäische Stadt weist gegenüber Städten in anderen Kulturerdteilen eine größere historische Vielfalt auf. Wichtige Fixpunkte sind immer noch Kirchen, Paläste und Schlösser. Der oft erhaltene Kernstadtbereich wird von einem Ring umgeben, der bis zur Schleifung die Stadtmauer und Befestigungsanlagen trug. Die nachfolgende Nutzung reichte von Grüngürteln bis zum Bau von Mietskasernen. Mit Beginn der Industrialisierung lagerten sich an der heutigen City linienhaft oder sektoral Industrieareale entlang von Hauptverkehrslinien an.

Typisch ist die räumliche Verteilung der sozialen Schichten. Während die Unterschicht sich im Wesentlichen ringförmig um den Innenstadtbereich konzentriert, nimmt die Mittelschicht, deren Wohngebiete von größeren Subzentren des tertiären Sektors durchsetzt sind, sektoral den größten Raum ein. Die Oberschicht hat sich an der Peripherie angesiedelt. Gleichzeitig gibt es hochpreisige Wohngebiete im Citybereich.

Die **Verkehrserschließung** hat in besonderem Maße Wachstum und Gliederung der Stadt beeinflusst. Vor dem Bau der ersten Eisenbahnen bestimmte die Entfernung, die ein Fußgänger in einer Stunde zwischen Wohn- und Arbeitsplatz zurücklegen konnte, die Stadtfläche. In der **Fußgängerstadt** mit einer durchschnittlichen Fläche von 15 km^2, hoher Bevölkerungsdichte und enger Bebauung wurden nur gelegentlich Pferdekutschen eingesetzt. Straßen- und U-Bahnen lösten die Fuhrwerke und Pferdebahnen, die im Stadtradius von 4 km fuhren, Ende des 19. Jh. ab

und ermöglichten eine größere Entfernung zwischen Wohn- und Arbeitsplatz. Mit der Trennung von Wohn- und Arbeitsplatz wuchsen die Pendlerströme. Die gewachsene Stadt dehnte sich weiter aus und gewann durch Eingemeindungen an Fläche.
Das Ende der **Straßenbahnstadt** zeichnete sich in Europa nach 1950 mit dem Beginn der Massenmotorisierung ab und mündete um 1970 in der **autogerechten Stadt**.

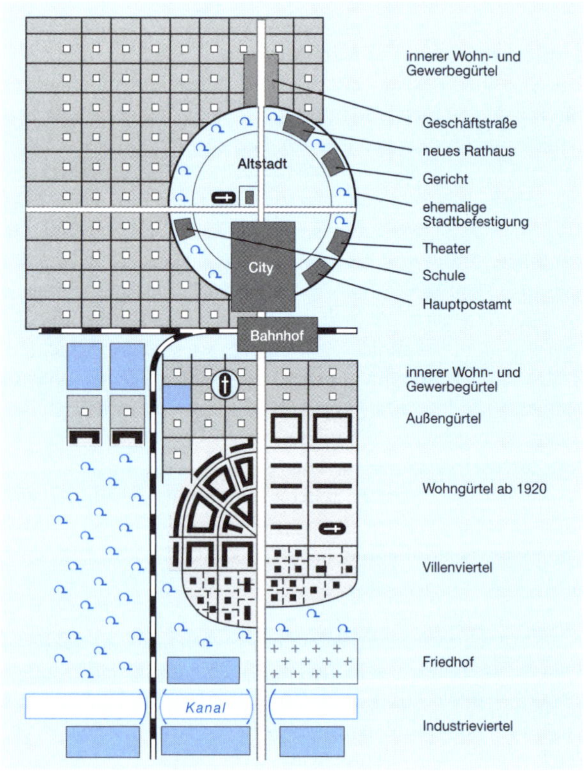

Modell europäischer Städte

In den USA hatte der Prozess der Suburbanisierung und Zersiedlung bereits zwischen den beiden Weltkriegen eingesetzt. Da Eisenbahn, Straßen-, S- und U-Bahn sowie Busse die Stadt nur linienhaft erschließen, wurde dem privaten Pkw-Verkehr durch den Bau von Stadtautobahnen, Parkhäusern in der Innenstadt, Großwohnsiedlungen am Stadtrand, Einkaufszentren auf der „grünen Wiese“ und Erschließung stadtrandnaher Gebiete der Vorrang gegeben. Nachdem die Stadtregionen auf 50 km im Durchmesser angewachsen waren und ihre Verkehrsprobleme nicht lösen konnten, setzte ein Umdenken in Richtung stadtverträgliche Verkehrsplanung ein.

Stadtentwicklung in Nordamerika

Die industrielle amerikanische Stadt des 19. und 20. Jhs. ist im Schwinden. An ihre Stelle tritt das „urban land USA“, das Stadtland, in dem der Gegensatz von ländlich und städtisch aufgehoben wird. 90 % der Bevölkerung (einschließlich der Bewohner in „rural nonfarm“-Gebieten) sind heute Städter.

Den Kern der City (amerik. *Downtown*) bildet die Hochhausarchitektur des **Central Business District** (CBD) mit Banken, Versicherungen und Handelsunternehmen. An die Übergangszone (transition zone) mit z. T. degradierten Wohngebieten schließen sich die Außenbezirke (suburbia) an, gekennzeichnet durch endlose Reihen von Einfamilienhäusern, aber unterbrochen durch Gewerbegebiete (industrial parks), Bürozentren (office parks) und Einkaufszentren (mall, shopping center).

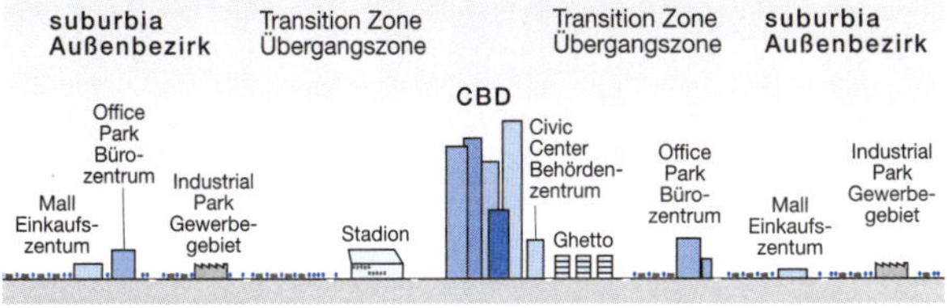

Schema der Skyline nordamerikanischer Städte

Die meisten Stadtkerne der US-amerikanischen Großstadt haben seit langem als Wohngebiet, Einkaufs- und Arbeitszentrum an Attraktivität verloren. Die **Suburbanisierung**, d. h. Verstädterung der Randzonen und Vorstädte zu Lasten der Kernstädte, setzte verstärkt in den 1960er-Jahren ein, beschleunigt durch Massenmotorisierung und den Drang der Amerikaner, in „ländlicher Umgebung“ zu wohnen. Die Suburbs wurden nicht nur die beliebtesten Wohngebiete, sondern zogen in ihren Kernen immer mehr Funktionen auf sich und entwickelten sich zu „edge cities“, Außenstädten.

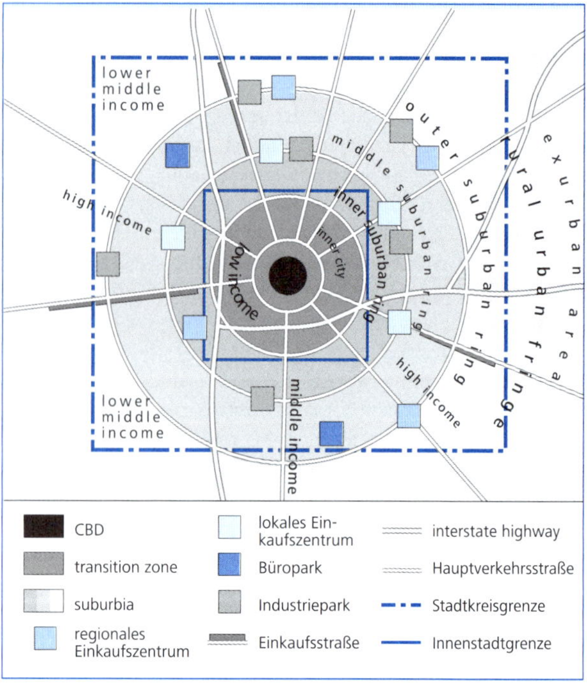

Modell der nordamerikanischen Stadt

Im Stadtland mit einer Vielzahl funktionaler Kerne ist die Wohnbevölkerung nach sozialen und ökonomischen Standards auf riesigem Areal verteilt. Eine Ausnahme bilden die gettoartigen Konzentrationen von Schwarzen, Puertoricanern und anderen Minoritäten nahe dem CBD der alten Zentralstädte. Mit dem Wegzug der besser verdienenden Bewohner öffnete sich ein Teufelskreis: Die verlassenen Häuser wurden von einkommensschwachen neuen Eigentümern oder Mietern bald heruntergewirtschaftet (Slumbildung). Inzwischen hat sich die Wanderungsbewegung teilweise umgekehrt. Alte Bausubstanz wurde für einkommensstärkere Bevölkerungsschichten, oftmals kinderlos und karrierebewusst, luxussaniert. Die Aufwertung der citynahen Wohngebiete bezeichnet man als **Gentrification**.

Stadtentwicklung in Lateinamerika

Die lateinamerikanischen Kolonialstädte waren Neugründungen oder entstanden auf der Fläche zerstörter Indio-Siedlungen. Der schachbrettartige Grundriss, wie ihn z. B. Tenochtitlán (Vorläufer von Mexiko-City) aufwies, wurde übernommen und 1531 vom spanischen König für alle Stadtneugründungen vorgeschrieben. Um die quadratische Plaza gruppierten sich die Repräsentationsbauten, daran angelagert die palastartigen Wohnhäuser der Oberschicht. Die Mittelschicht bewohnte ein- bis zweistöckige Häuser mit einem Innenhof. An der Peripherie lebte die ärmere Bevölkerungsschicht, zumeist Indios, die die außerhalb der Stadt gelegenen Felder der Grundherren bewirtschafteten.

Seit den 1930er-Jahren setzte mit der Industrialisierung ein rasantes Städtewachstum ein. Die Plaza und die sie umgebenden Stadtvierecke sind heute die City, an die sich eine Mischzone mit Wohnungen sowie Handwerks- und Dienstleistungsbetrieben anschließt. Es folgt eine Zone innerstädtischer Elendsviertel, in der vorher Angehörige der Ober- und Mittelschicht lebten. Auf ehemaligen Freiflächen entstanden illegale und z. T. halblegale Hüttenviertel.

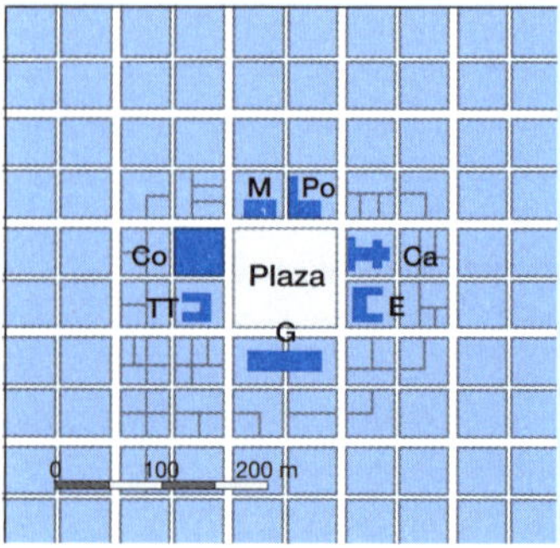

Schachbrettgrundriss
Plaza, auch Plaza mayor = zentraler Platz, umbautes Quadrat als Mittelpunkt der Stadt
An den Seiten:
G = Gobierno (Regierung),
Ca = Catedral (Kathedrale, Kirche),
M = Municipalidad (Rathaus),
Po = Policia (Polizei),
E = Escuela (Schule),
Co = Convento (Kloster),
T = Tribunal (Gericht)

die Stadt direkt umgebend: Gärten und Weiden, daran anschließend Landwirtschaftsgebiet

Idealplan einer spanischen Kolonialstadt

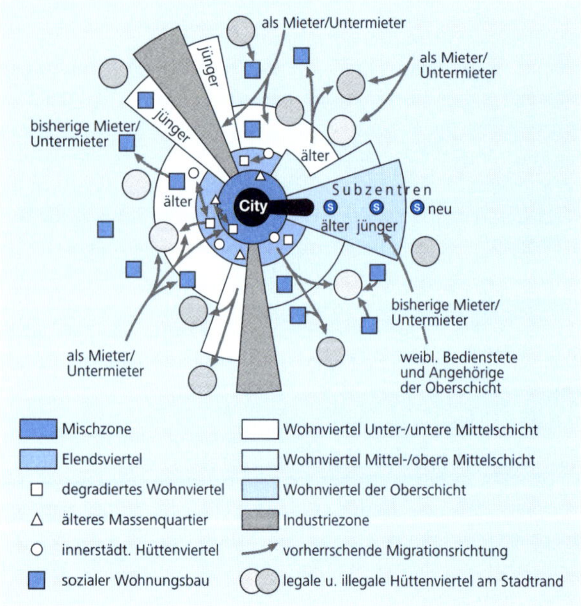

Modell der lateinamerikanischen Stadt

Durch die weitere Zuwanderung wurde das System der konzentrischen Kreise durchbrochen. Entlang der Bahnlinien und Ausfallstraßen entwickelten sich Industriezonen mit Wohnvierteln der Unter- und unteren Mittelschicht. Die Oberschicht zog vom Zentrum weg in Richtung Stadtrand und Vororte und förderte damit die Bildung neuer Subzentren. In die Wohnviertel der Oberschicht wanderten weibliche Migranten als Dienstpersonal ein. Andere Zuwanderer lassen sich zunächst in den innerstädtischen Elendsvierteln nieder, verlassen diese aber wieder, sobald sie finanziell dazu in der Lage sind, und ziehen in weiter außerhalb gelegene Marginalsiedlungen.

Die islamisch-orientalische Stadt

Strukturmerkmale der traditionellen Stadt sind der Sackgassengrundriss (früher zum Schutz gegen Überfälle) mit wenigen Durchgangsstraßen und die Stadtmauer, in die oft eine Burg (Zitadelle, Kasba) oder der Palast integriert ist. Die Große Moschee (Freitagsmoschee) bildet das religiöse Zentrum und fungiert als öffentliche Begegnungsstätte.

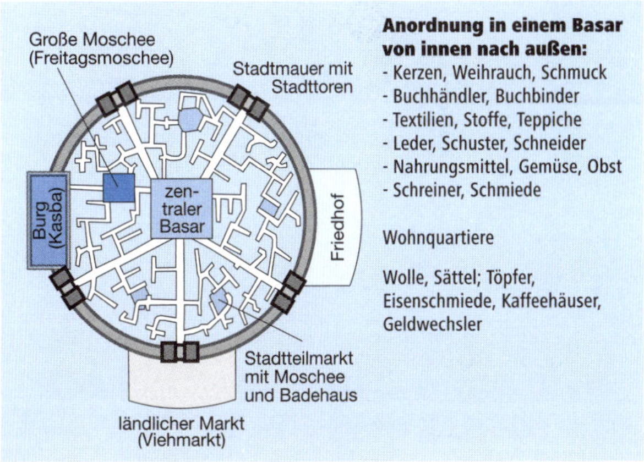

Modell der traditionellen orientalischen Altstadt

Wirtschaftlicher Mittelpunkt ist der zentrale, teils überdachte, teils in offenen Gassen angelegte Basar (Suq). Die einzelnen Branchen liegen räumlich beieinander. Je höher die Wertschätzung einer Ware, desto näher sind die Verkaufsstände am Zentrum. Handwerksbetriebe mit Lärm-, Staub- und Geruchsbelästigung befinden sich am Rand. Außerhalb der Stadtmauer gruppierten sich früher Karawansereien, wo der Groß- und Fernhandel abgewickelt wurde.

Die Wohnquartiere sind nach Religion und Ethnien getrennt. Muslime, Christen und Juden verfügen in ihrem Quartier teilweise über eigene Gotteshäuser, kleine Märkte und öffentliche Einrichtungen wie Schulen und Badehäuser. Die Innenhofhäuser schirmen die Bewohner von der Öffentlichkeit ab.

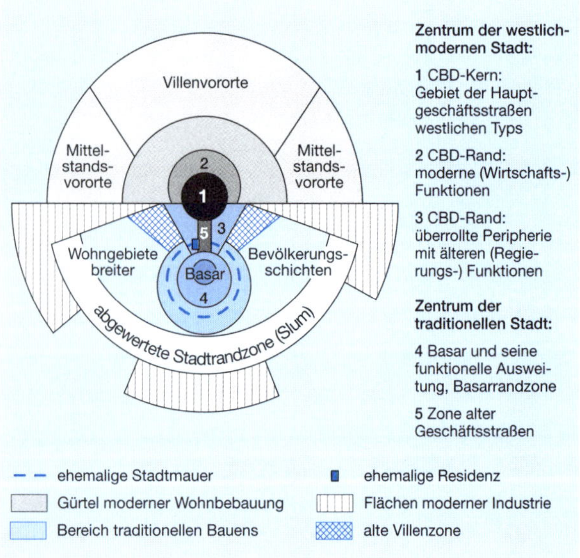

Modell der heutigen orientalischen Stadt

Die moderne orientalische Stadt besteht aus zwei Kernen. Das Zentrum der traditionellen Stadt, die Medina, entwickelte sich über die ehemalige Stadtmauer hinaus zum Wohngebiet weniger einkommensstarker Bevölkerungsschichten, am Stadtrand zu Slumsiedlungen. Im Altstadtbereich herrschen noch kleine Läden vor, während der früher im Basar ansässige Großhandel Standorte in anderen Stadtteilen bezogen hat.
Der zweite Kern schließt sich über eine Zone alter Geschäftsstraßen an die Altstadt an. Er besteht aus einer modernen westlichen City und entspricht in seinen Funktionen dem nordamerikanischen Central Business District. Um den CBD hat sich ein Gürtel mit neuen Wohnbauten gelegt, der sich deutlich von der traditionellen Bauweise unterscheidet. Hinzugekommen sind neue Mittelstandsvororte, die Oberschicht lebt in gehobenen Wohngebieten der Neustadt an der Peripherie. Zwischen Alt und Neustadt liegt eine Industriezone, ebenso am Stadtrand, meist an Ausfallstraßen oder Eisenbahnlinien.

Verstädterung der Erde

Von 1950 bis 2010 stieg die Zahl der Stadtbewohner weltweit um mehr als das Vierfache. Der **Urbanisierungsgrad** der Weltbevölkerung betrug 2010 rd. 50 %. Die höchste Verstädterung weisen die Industrieländer mit 75 % auf, in Entwicklungsländern waren es 2010 rd. 44 %. Bis 2030 wird deren Anteil auf 56 % steigen. Während Europa, Nordamerika und Lateinamerika sich bereits durch einen hohen Verstädterungsgrad auszeichnen, gehörten 2010 Afrika mit 38 % und Asien (43 %) zu den am geringsten verstädterten Regionen der Welt. Bis 2030 wird Asien nach der Zahl der Stadtbewohner an erster Stelle stehen, gefolgt von Afrika. Im Gegensatz zu den Industrieländern mit einer jährlichen zukünftigen Zunahme der Stadtbevölkerung von 0,5 % nimmt die städtische Bevölkerung in den weniger entwickelten Ländern durchschnittlich um 2,2 % pro Jahr zu. Hauptgrund ist die Landflucht, die sich besonders im starken Bevölkerungsanstieg der Metropolen bemerkbar macht.

1950 gab es 2 **Megacitys**, 2015 werden es 22 sein, davon 17 in Entwicklungs- bzw. Schwellenländern. 9,4 % der globalen Stadtbevölkerung werden in Megastädten über 10 Mio. Einwohner leben.

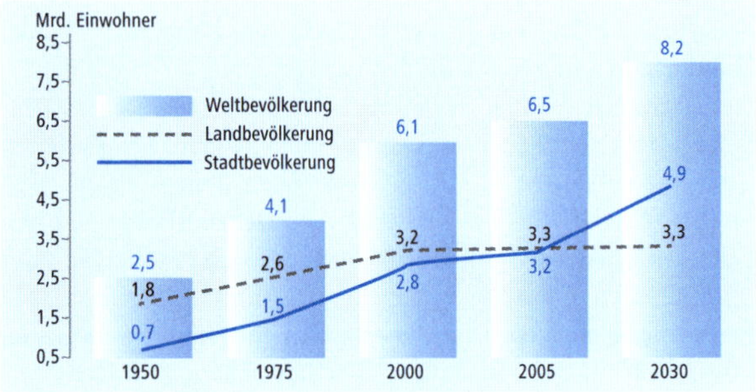

Weltbevölkerung, Stadtbevölkerung, Landbevölkerung

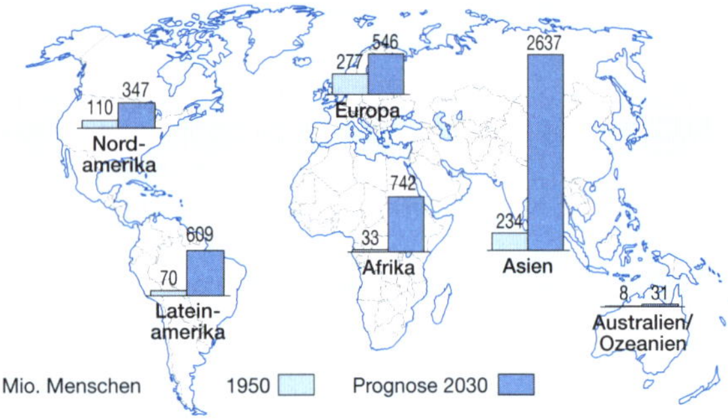

Städtische Bevölkerung nach Kontinenten (Mio. Einwohner)

Agglomeration Verdichtung von Siedlungsgebieten
Megacity städtischer Raum mit mehr als 10 Mio. Einwohnern
Megalopolis Stadtlandschaft, verstädterte Zone
Metropole alle anderen Städte übertreffende Großstadt

Städte mit mehr als 10 Mio. Einwohnern (nach UN-Angaben)

1950		2000		2015 (Prognose)	
Stadt	Mio	Stadt	Mio	Stadt	Mio
1 New York	12,3	1 Tokio	34,4	1 Tokio	35,5
2 Tokio	11,3	2 Mexiko-City	18,1	2 Mumbai	21,9
		3 New York	17,8	3 Mexiko-City	21,6
		4 São Paulo	17,1	4 São Paulo	20,5
		5 Mumbai	16,1	5 New York	19,9
		6 Schanghai	13,2	6 Delhi	18,6
		7 Kolkata	13,1	7 Schanghai	17,2
		8 Delhi	12,4	8 Kolkata	17,0
		9 Buenos Aires	11,8	9 Dhaka	16,8
		10 Los Angeles	11,8	10 Jakarta	16,8
		11 Osaka-Kobe	11,2	11 Lagos	16,1
		12 Jakarta	11,1	12 Karatschi	15,2
		13 Rio de Janeiro	10,8	13 Buenos Aires	13,4
		14 Kairo	10,4	14 Kairo	13,1
		15 Dhaka	10,2	15 Los Angeles	13,1
		16 Moskau	10,1	16 Manila	12,9
		17 Karatschi	10,0	17 Peking	12,9
		18 Manila	10,0	18 Osaka-Kobe	11,3
				19 Istanbul	11,2
				20 Moskau	11,0
				21 Kanton	10,4

Stadt-Umland-Beziehungen

Eine Stadtregion gliedert sich nach einem von Olaf Boustedt 1970 vorgelegten Modell in Zonen. Die **Kernstadt** ist die eigentliche zentrale Stadt in ihren Verwaltungsgrenzen. Die angrenzenden Gemeinden, der Kernstadt in Ausstattung und Funktion ähnlich, sind das **Ergänzungsgebiet**. Kernstadt und Ergänzungsgebiet bilden das **Kerngebiet**. Als Nächstes folgt die **verstädterte Zone**, in der die Siedlungsstruktur bereits aufgelockert ist, aber in der die meisten Erwerbstätigen noch im sekundären und tertiären Sektor arbeiten. Zum Teil pendeln sie in die Kernstadt ein. An die verstädterte Zone schließt sich die **Randzone** an, in der Erwerbstätige wohnen, die ebenfalls als Pendler in der Kernstadt arbeiten. Der Anteil der in der Landwirtschaft Tätigen nimmt zur Peripherie hin zu.

Innerhalb der Randzone sind **Satellitenstädte** mit überwiegender Wohnfunktion entstanden. Diese „Schlafstädte" zeichnen sich durch einen hohen Auspendleranteil aus. Sie unterscheiden sich von den Großwohnsiedlungen bzw. **Trabantenstädten**, die funktional nicht so eng mit der Kernstadt verflochten sind und teils eigene Erwerbs- und Versorgungsbereiche besitzen.

Die Stadt ist mit der sie umgebenden Region, dem Einzugsbereich, funktional verknüpft. Als städtisches **Umland** wird der Raum bezeichnet, der mit der Stadt sozioökonomisch verflochten ist und in dem der Prozess der **Suburbanisierung** abläuft. Die Bevölkerung hat ähnliche städtische Lebensformen wie die Stadtbewohner. Häufig sehen sich Landwirte mit der Umwidmung ihrer Flächen konfrontiert. Nachbargemeinden von Großstädten erhöhen ihre Attraktivität durch neue Wohn- und Gewerbeflächen sowie Steuervorteile mit der Folge, dass sich im Umland „Speckgürtel" bilden wie in Hamburg oder Berlin. Der ländliche Raum liegt außerhalb der Stadt und ist mit ihr funktional kaum verbunden, da Nahrungsmittel nur noch z. T. aus der näheren Umgebung stammen. Wichtig jedoch ist die Naherholungsfunktion, die einen Umkreis von rd. 50 km einbezieht.

Jeder Ort bietet Güter und Dienstleistungen an, die er selbst verbraucht. Wenn über den Eigenbedarf produziert wird, entsteht ein Bedeutungsüberschuss gegenüber dem Umland. Die Reichweite eines Gutes hängt von der Entfernung ab, die der Konsument noch bereit ist zurückzulegen.

1933 ermittelte der Geograph W. Christaller in Süddeutschland mithilfe der Telefondichte den Bedeutungsüberschuss und führte das **Modell der Zentralen Orte** ein. Er ging zunächst von einem konstanten Radius für ein zentrales Gut aus. Wenn die

Marktorte als Kreise nebeneinanderliegen, gleiche Abstände vorausgesetzt, bleiben einige Gebiete ausgespart. Da alle Gebiete versorgt werden sollen, müssen sich die Kreise überschneiden. Das beste Ergebnis wird erzielt, wenn die zentralen Orte auf den Kanten gleichseitiger Dreiecke liegen und ein Sechseck ergeben. Orte gleicher Rangordnung liegen in den Eckpunkten des Sechsecks. Überträgt man das geometrische Modell auf Städte und ihr Umland, entsteht ein hierarchisches System mit zentralen Orten und absteigenden Stufen. Ein **Oberzentrum** befriedigt hochspezialisierte Bedürfnisse, ein **Mittelzentrum** bietet Güter und Dienstleistungen an, die über dem Grundbedarf liegen, der wiederum von den **Unterzentren** abgedeckt wird.

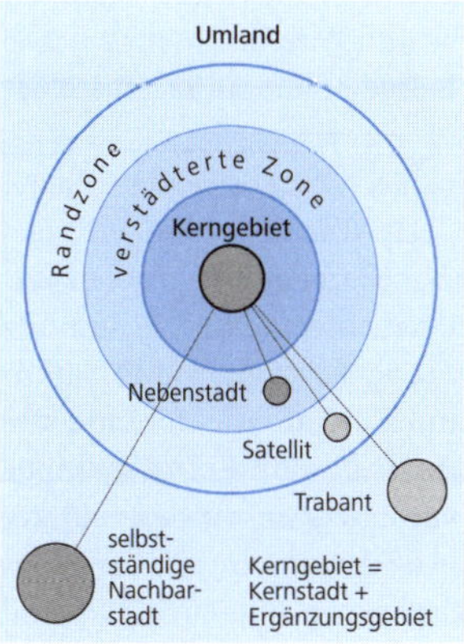

Modell der Stadtregion (Boustedt)

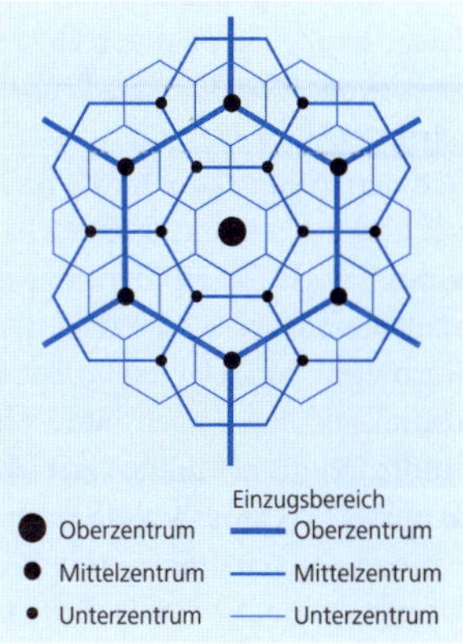

System zentraler Orte (Christaller)

Suburbanisierung

Mit der Verlagerung von Menschen und Betrieben in den ländlichen Raum setzte der Prozess der **Suburbanisierung** ein. In zeitlicher Abfolge können dabei drei Phasen unterschieden werden: a) Suburbanisierung von Produktionsstätten des sekundären Sektors, b) der Bevölkerung und c) von Handel und Dienstleistungen. Ursachen für die Ausdehnung der Städte in das Umland und die Verlagerung von Schwerpunkten aus der Kernstadt sind in der Regel zusammenhängende und vor allem preiswerte Flächen. Eine wichtige Voraussetzung ist ferner eine gute Verkehrsanbindung, die sich zunächst auf den motorisierten Individual- und Wirtschaftsverkehr konzentriert.

Die Zunahme von Wohn-, Gewerbe- und Verkehrsflächen bringt dem Umland Probleme. Die Siedlungsexpansion führt zu einer Entmischung von „Wohnen", „Arbeiten" und „Sichversorgen", wozu auch die Freizeiteinrichtungen gezählt werden.

In den alten Bundesländern verlief die Suburbanisierung in der Reihenfolge Wohnen, Einzelhandel, Gewerbe, Handel und Dienstleistungen, in den neuen Ländern steht an erster Stelle der Einzelhandel, gefolgt von Gewerbe und Wohnen. Mehr als zwei Drittel der Einzelhandelsflächen befinden sich im Osten auf der „grünen Wiese".

Seit den 1990er-Jahren ist ein schnelles Anwachsen von Arbeitsplätzen im Umland festzustellen. Das Wachstum verläuft noch schneller als die Bevölkerungsurbanisierung. Die größten Zuwachsraten verzeichnen Umlandgemeinden ohne zentralörtliche Funktion. Der Trend zur Dezentralisierung von Produktion, Dienstleistungen und Handel wird durch moderne Informationstechniken verstärkt. Je weniger die Kernstädte neue Wohn- und Gewerbeflächen zur Verfügung stellen, desto stärker werden wirtschaftliche Aktivitäten an den Stadtrand oder in das Umland verlegt. Besonders Betriebe des sekundären Sektors sind hiervon betroffen. Auch den tertiären Sektor, von dem man bisher annahm, er würde auf die Kundennähe in den Kernstädten angewiesen sein, zieht es zunehmend in den suburbanen Raum.

Damit die Städte nicht in konzentrischen Kreisen wachsen, wurden verschiedene Konzepte entwickelt. Eines der gebräuchlichsten ist die **Bandstruktur**, bei der sich Siedlungen, Verkehrswege und Versorgungsleitungen bandförmig ausbreiten. Sie bildet die Grundlage für Aufbau- oder **Entwicklungsachsen**. Eine Weiterentwicklung des Bandstadtkonzeptes erfolgt durch die von einer Kernstadt ausgehende sternförmige Anordnung entlang bereits vorhandener Verkehrslinien und kleinerer Siedlungszentren. Das Stern- bzw. Speichenkonzept wurde z. B. in Kopenhagen mit dem „Fingerplan“ und in Hamburg mit dem **Prinzip der axialen Strukturen** umgesetzt.

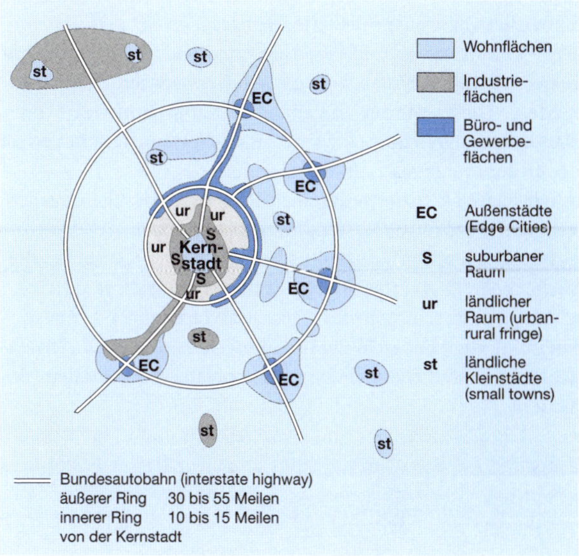

Strukturmodell des großstädtischen Verdichtungsraumes in den USA

In den USA geht die Stadtentwicklung bereits über die Suburbanisierung hinaus. Durch die Bevölkerungsverdichtung in früher ländlichen Gemeinden entstanden neue urbane Räume. In diese Edge Cities, die sich von der Kernstadt gelöst haben und über alle Merkmale einer eigenständigen Stadt verfügen, verlagern z. T. auch Banken und Versicherungen aus der Kernstadt ihre Büros.

Funktionswandel ländlicher Siedlungen

Nach dem Zweiten Weltkrieg stand die Verbesserung der Agrarstruktur an erster Stelle. In den 1970er- und 1980er-Jahren lag der Schwerpunkt auf der Weiterentwicklung der Infrastruktur. Ländliche Räume, d.h. Gebiete mit dörflichen bis kleinstädtischen Siedlungsstrukturen und relativ geringer Bevölkerungsdichte, galten in Westdeutschland als hinter der allgemeinen Entwicklung zurückgebliebene Gebiete.

Der Strukturwandel und Funktionsverlust zeigte sich nicht nur in der Landwirtschaft, sondern in allen Lebensbereichen.

- Kleine Dörfer wurden an den Verdichtungsräumen zu Wohnstandorten ausgebaut. Städtische Architektur führte zum Verlust dörflicher und landschaftlicher Eigenart.
- Dörfliche Dienstleistungseinrichtungen (Post, kleine Läden, Schulen) wurden aus Kostengründen aufgegeben.
- In manchen Dörfern gibt es keine landwirtschaftlichen Betriebe mehr, landwirtschaftliche Gebäude stehen leer.
- Aus strukturschwachen Räumen wandern jungen Leute ab.

Die zukünftige Entwicklung orientiert sich an einer Dorferneuerung mit städtebaulichen, funktionalen und sozialen Aspekten.

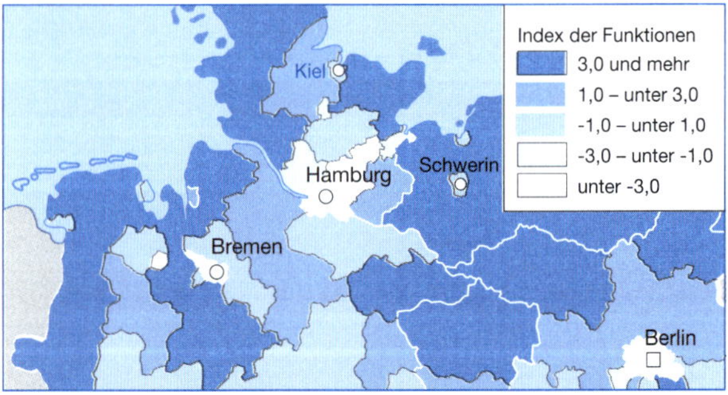

Funktionspotenzial ländlicher Siedlungen – Ausschnitt (nach Raumordnungsbericht 2005); je dunkler die Farbe für die ländlichen Siedlungen, desto höher das multifunktionale Spektrum des jeweiligen Teilraumes

Ländliche Räume zeichnen sich durch eine Vielfalt von Funktionen aus. Statt die Agrareinkommen der Landwirte durch Subventionen zu sichern, sollen durch Investitionen verschiedene Sektoren gefördert werden, um dem demographischen Wandel zu begegnen und die Kulturlandschaft zu erhalten.
Im positiven Sinne spricht man vom **Funktionspotenzial** ländlicher Räume. Gemeint sind neben der Agrarproduktion Potenziale zur Entwicklung der gewerblichen Wirtschaft und der Dienstleistungen, zur Sicherung der landschaftlichen Attraktivität, zur Entwicklung von Erholung und Tourismus und die Bereitstellung von Ressourcen für die Agglomerationsräume.

	Typen ländlicher Räume	Lagebeziehungen	Siedlung / Wirtschaft	Funktionspotenzial
1	dicht besiedelt, zentrumsnah (z. B. Verflechtungsräume Hamburg, Berlin)	günstige Verkehrslage zu Mittel- und Oberzentren	Orte ohne Landwirtschaft, Wanderungsgewinne, Suburbanisierung, mittelständische Wirtschaft	Wohnen, Wirtschaft, Arbeitsplätze, Erholung, Tourismus
2	Agrarräume Pflanzen- und Tierproduktion (z. B. Marschen, Lössgebiete)	Marktnähe z. B. Obst-, Gemüseanbau im Einzugsbereich von Städten	Landwirtschaft wichtigste wirtschaftliche Grundlage, Agrarbetriebe	Erholung, Tourismus, Ressourcenbereitstellung (z. B. alternative Energien)
3	Tourismusräume (z. B. Küstenlandschaften an Nord- und Ostsee, Mittelgebirge, Alpen)	günstige Lage in attraktiven Landschaftsräumen	Zweitwohnungen, Altersruhesitze, Erhalt von Landwirtschaft und Fischerei	Naturschutz, teils flächenintensive Infrastruktur
4	strukturschwache Landschaften (z. B. Mecklenburg-Vorpommern, Grenzregionen)	periphere Lage, schlechte Verkehrsinfrastruktur	Auflassung von Gebäuden und landwirtschaftlichen Flächen, Abwanderung, Überalterung	Wohnen, Naturschutz, Ressourcenbereitstellung, intensive Infrastruktur

Siedlungen im ländlichen Raum

4.2 Raumordnung und Stadtplanung

Raumordnungsmodell in Europa

1989 wurde von dem Franzosen Roger Brunet aus einer Analyse des europäischen Stadtsystems heraus ein Modell entwickelt, das sich von London über Brüssel und Frankfurt am Main nach Mailand erstreckte. Das Raumbild von einer gekrümmten Megalopolis, von Brunet als „dorsale“ (Rückgrat) bezeichnet, entsprach seiner Meinung nach der seit dem Mittelalter bestehenden europäischen Kernregion. Form und blaue Farbe gaben der Darstellung den Namen **Blaue Banane**.

Das Raumentwicklungsmodell beschreibt eine europäische Kernzone, in der etwa 40 % der EU-Bürger leben. Die Wirtschaftshauptstädte (Metropolen und Metropolregionen) verzeichnen ein hohes Wirtschaftswachstum und sind verkehrsinfrastrukturell gut miteinander verbunden. Einzelnen EU-Regionen, die als Aufsteiger bezeichnet werden, stehen wenig entwickelte bis gefährdete Regionen an der Atlantikküste, die sog. Atlantikperipherie, und im südeuropäischen Insel- und Halbinselraum gegenüber.

Die der Blauen Banane entsprechende Nord-Süd-Achse wird im Süden von einer regionalpolitisch unterstützten Entwicklungszone flankiert, dem europäischen Sunbelt.

Die politischen und wirtschaftlichen Veränderungen in Mittel- und Osteuropa nach 1990 erweitern den Blickwinkel. Künftige Entwicklungschancen werden nicht nur den neuen Bundesländern nach der deutschen Wiedervereinigung eingeräumt. Zusätzlich zu der europäischen Kernzone London – Paris – Frankfurt a. M. – Amsterdam, so die politischen und wirtschaftlichen Intentionen, entwickeln sich potenzielle Integrationsräume in Osteuropa, Südosteuropa und Südwesteuropa bis in den nordafrikanischen Raum. Die Planer markierten Entwicklungskorridore im Atlantikraum von Lissabon nach Großbritannien, im Mittelmeerraum von Südspanien nach Athen, im Donauraum von Bratislava zum Schwarzen Meer.

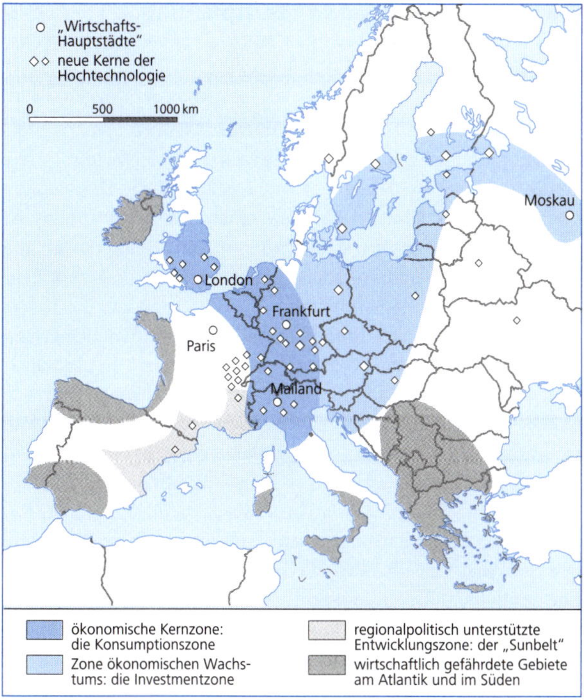

Die mitteleuropäische Zone des europäischen Wachstums

Der Entwicklungskorridor Baltikraum reicht von Berlin über Malmö – Helsinki nach St. Petersburg. Ein weiterer Entwicklungskorridor verläuft von Berlin über Warschau nach Moskau. Neu in der Planung ist auch die Vernetzung von Stadtregionen als „Gravitationszentren" der Integration.

Die Blaue Banane wird durch neue Kernzonen der Hochtechnologie weiter aufgewertet und im Südwesten ergänzt. Sie strahlt nach Osten aus, und schließt die mittelosteuropäischen Länder inklusive eines Bogens von der Ostsee bis Moskau mit ein. Der

Erweiterung des Raummodells nach Osten liegt die Vorstellung von einer mitteleuropäischen Zone des europäischen Wachstums zugrunde.

Erweiterung des Raummodells nach Osten

Die Konzentration auf Westeuropa offenbart eine monozentrische Raumentwicklung, die langfristig räumliche Disparitäten noch verstärken könnte. Deshalb müssen, um eine polyzentrische Entwicklung voranzutreiben, weitere Regionen an die Kernzone (Blaue Banane, Rückgrat) herangeführt werden. Eine Querachse der Angleichung zieht sich von Lyon bis zur Tschechischen Republik. Während der Sunbelt in seiner bisherigen Ausdehnung erhalten bleibt, erfährt „der Süden", zu dem auch Irland gerechnet wird, eine besondere Förderung. Als einzige Entwicklungslücke bleibt noch der Raum südlich von Paris.

In Mitteleuropa eröffnen sich entlang der ehemaligen Trennungslinie zwischen EU und RGW neue Entfaltungsmöglichkeiten für die Westregionen von Polen, der Tschechischen Republik, der Slowakei, Ungarn und Slowenien. Diese Regionen, der „Western Belt", haben den Transformationsprozess schnell und erfolgreich hinter sich gebracht. Im weiteren Sinne können auch die Hafenstädte St. Petersburg („Fenster nach Europa"), Tallinn und Riga zum Western Belt gerechnet werden.

Als problematisch müssen die Altindustriezonen Osteuropas, das polnische Bergbaurevier Oberschlesien sowie die ukrainischen Schwerindustriebereiche Kriwoi Rog und das Donezbecken angesehen werden.

Zu den wirtschaftlich zurückgebliebenen Gebieten, den Entwicklungslücken, gehören die Ostregionen der baltischen Staaten, das östliche Polen, Weißrussland, die nördliche Ukraine und der russische westliche Grenzraum bis zum Peipussee. Eine zweite Entwicklungslücke erstreckt sich von der östlichen Slowakei über das östliche Ungarn und das nördliche Bulgarien in die Ukraine. Beide Gebiete, die auf beiden Seiten der EU-Grenze liegen, sind dünn besiedelt, agrarisch geprägt und verfügen nur, mit Ausnahme Ungarns, über ein wenig entwickeltes Städte- und Verkehrssystem. Schon in der Vergangenheit, d. h. lange vor der Transformationszeit, zählten die Regionen in ihren Staaten zu den peripheren Räumen.

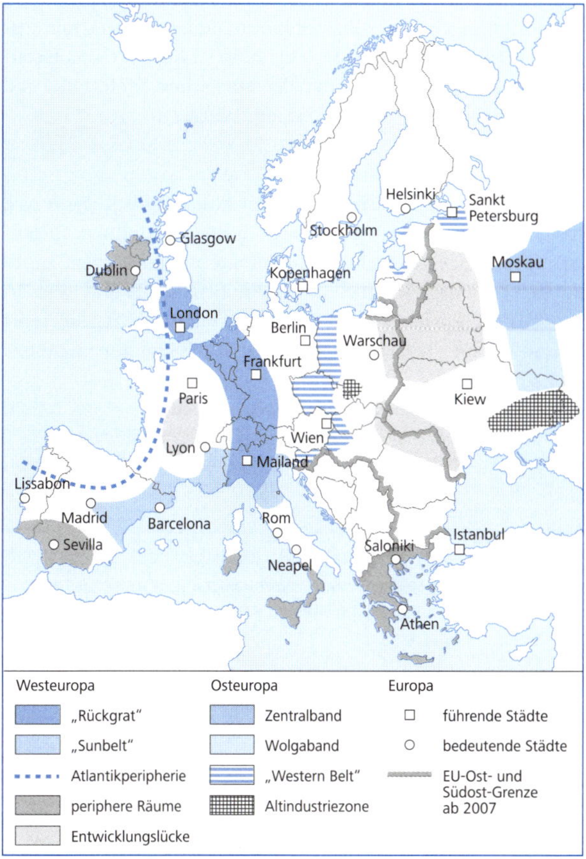

Der Wirtschaftsraum Europa

Eine erweiterte Raumplanung, die von einem gesamten europäischen Wirtschaftsraum vom Atlantik bis zum Ural ausgeht, bezieht auch den europäischen Teil Russlands mit ein. Wichtiges Zentrum ist der Ballungsraum Moskau, von dem eine Entwicklungsachse („Zentralband“), begrenzt durch eine Nord- und Südperipherie, in Richtung der Industriezentren des Urals ausgreift. Ergänzend verbindet ein Süd-/Wolgaband die ukrainischen Industriezentren mit der russischen Metropole und führt weiter an den Wirtschaftsraum Wolga.

Raumordnung in Deutschland

Oberstes Ziel ist die Schaffung von Chancengerechtigkeit und gleichwertigen Lebensverhältnissen in allen Teilräumen. Gleichwertigkeit bedeutet nicht identische Lebensverhältnisse an jedem Ort, sondern lediglich Zugang zu Leistungen und Einrichtungen der Daseinsvorsorge. Die Bundesraumordnung liefert die Grundlage für die Landes-, Regional- und Kommunalplanung.

Leitbilder der Raumordnung in Deutschland
1. Wachstum und Innovation: Stärkung der Metropolregionen, Unterstützung von Wachstumsregionen außerhalb der Metropolregionen, Weiterentwicklung der endogenen Potenziale der Räume mit Stabilisierungsbedarf
2. Daseinsvorsorge sichern: Definition von Versorgungsstandards, Anpassung des Zentrale-Orte-Systems
3. Ressourcen bewahren, Kulturlandschaften gestalten: Schutz des Freiraums und der natürlichen Ressourcen, Gestaltung von Kulturlandschaften

Beispiel: Metropolregionen. Deutschland verfügt über elf Metropolregionen (Berlin-Brandenburg, Hamburg, München, Frankfurt/Rhein-Main, Rhein-Ruhr, Stuttgart, Halle/Leipzig-Sachsendreieck, Hannover-Braunschweig-Göttingen, Nürnberg, Rhein-Neckar, Bremen-Oldenburg. Ziel ist es, die Standortvorteile weiter auszubauen, insbesondere aber integrierte Verkehrskonzepte für die engeren Verflechtungsräume zu erstellen.

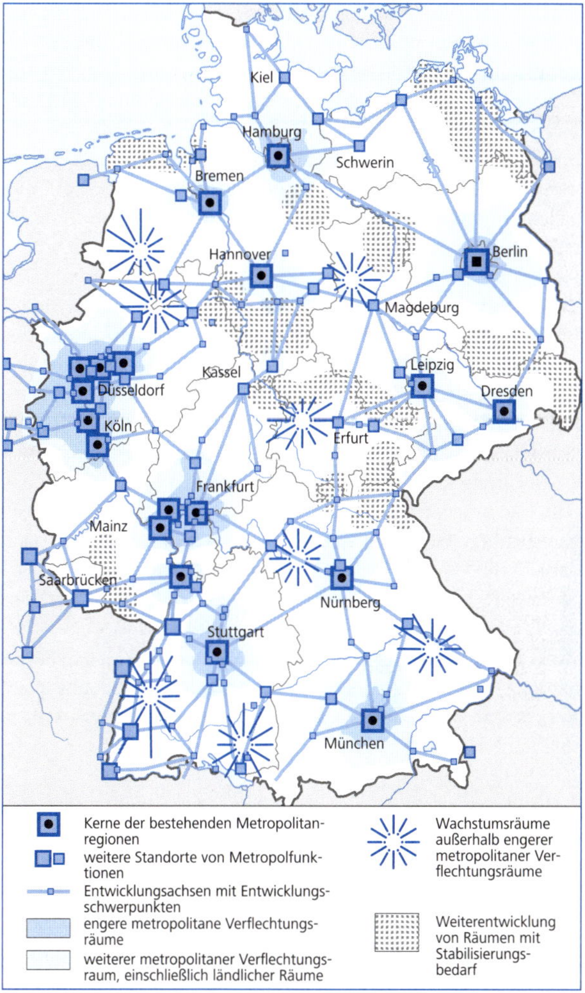

Leitbild Wachstum und Innovation (nach Raumordnungsbericht 2006)

Wachstumsräume sollen weiterentwickelt werden, da sie für ihre Verflechtungsbereiche wichtige Entwicklungs- und Versorgungsfunktionen übernehmen.
Räume mit Stabilisierungsbedarf (z. B. Mecklenburg-Vorpommern, Ostfriesland, Lausitz, Vogtland) liegen häufig in peripheren oder grenznahen Gebieten mit wenig Beschäftigungsmöglichkeiten außerhalb der Land- und Forstwirtschaft. Hier sollen vorhandene Verdichtungsansätze um Klein- und Mittelstädte herausgebildet werden.

Leitbilder der Stadtentwicklung

Im Zuge der Industrialisierung entstanden in England bereits vor 1850 mit Wohnbereichen durchsetzte Industriestädte. Die Monotonie dieser Städte veranlasste den englischen Stadtplaner E. Howard zum Entwurf einer **Gartenstadt**. Sie sollte, abgesetzt von der Zentralstadt, im Grünen liegen und mit allen Funktionen selbstständig sein. In Deutschland wurde die Gartenstadtidee teilweise umgesetzt, z. B. in Hellerau bei Dresden, Essen-Margarethenhöhe und Frohnau bei Berlin. Echte Gartenstädte nach dem Vorbild Howards entstanden jedoch nicht.
Moderne **Stadtplanung** begann in Deutschland um 1870. Zuvor gab es allgemeine Festlegungen über Grundriss und Straßenführung. Schwerwiegende Folgen für die Stadtentwicklung in Berlin hatte der 1862 von James Hobrecht vorgelegte Bebauungsplan: Er ließ fünf- bis sechsstöckige Wohnhäuser mit Vorder-, Seiten- und Hinterhäusern sowie dunklen Innenhöfen zu.

Leitbild der Moderne zwischen den beiden Weltkriegen. Im Städtebau setzte sich eine klare funktionale Gliederung durch, z. T. entstanden gartenstadtähnliche Siedlungen (Bsp. Hamburg-Winterhude, Hufeisensiedlung in Berlin-Neukölln).
Wiederaufbau nach dem Zweiten Weltkrieg bis 1960. Kriegszerstörte Städte wurden teils entlang der alten Stadtstrukturen wiederaufgebaut, teils durch neue Verkehrsachsen und Großsiedlungen neu geordnet. In der DDR baute man die Innenstäd-

te nur teilweise wieder auf, Ende der 1950er-Jahre begann die Industrialisierung des Wohnungsbaus mit Plattensiedlungen am Stadtrand. Leitbild war die „sozialistische Stadt“ (Bsp. Eisenhüttenstadt) mit breiter Magistrale und Großwohnbauten.

Autogerechte Stadt, Urbanität durch Dichte ab 1960. Die zunehmende Pkw-Dichte machte den Neubau von breiten Innenstadttangenten sowie den Bau von Parkhäusern in Citynähe erforderlich (Bsp. Hamburg, Dortmund). Hochhäuser wurden gebaut (vertikaler Städtebau), Flächensanierungen führten zur Zerstörung historischer Substanz.

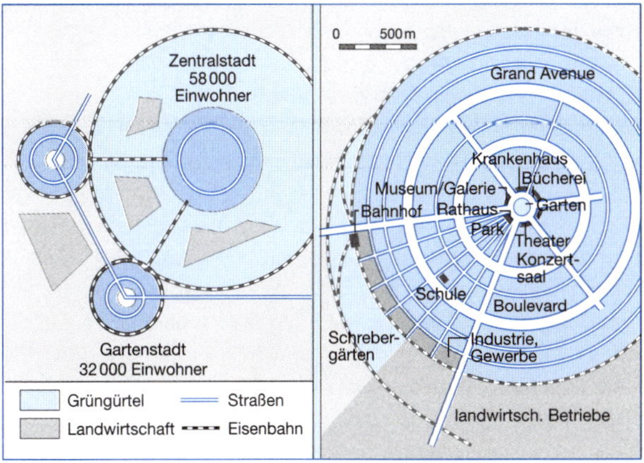

Modell einer Gartenstadt nach E. Howard, Anfang 20. Jahrhundert

Großraumsiedlungen entstanden am Stadtrand (Bsp. Berlin-Spandau, München-Neuperlach, Halle-Neustadt). In der DDR wurden die großstädtischen Innenzentren „rekonstruiert“ und z. T. neu bebaut (Bsp. Ost-Berlin).

Erneuerung, ökologisch orientierte Stadtentwicklung ab 1975. Die Besinnung auf die Identität stiftende Rolle von gewachsenen Stadtstrukturen führte zu behutsamem Stadtumbau und dem ersten Ansatz ökologisch verträglicher Stadterneuerung, die in

der DDR aus Kostengründen nur vereinzelt umgesetzt wurde.
Nachhaltige Stadtentwicklung nach 1990. Zunächst mussten in den neuen Bundesländern Probleme bei der Überleitung von städtischem Volkseigentum gelöst und die starke Nachfrage nach Einfamilienhäusern befriedigt werden. Statt einer weiteren Zersiedlung des Umlandes wird nun dem Stadtumbau und der Revitalisierung der Innenstädte der Vorrang gegeben.

Stadtumbau Ost und Stadtumbau West seit 2002. In den neuen Ländern erfolgt ein Rückbau dauerhaft leerstehender Wohnungen, im Westen soll innerstädtischer Altbaubestand erhalten werden.

Stadtsanierung und Soziale Stadt

In den alten Bundesländern wiesen Altstadtquartiere, z. T. noch vor dem Ersten Weltkrieg gebaut, eine verfallene Bausubstanz und schlechte sanitäre Einrichtungen in den Wohnungen auf. Die *Kahlschlagsanierung* ganzer Stadtviertel, um Neubauten zu errichten, wich bald einer die gewachsene Struktur berücksichtigenden Objektsanierung. Da das Sanierungsziel darin bestand, den Wohnstandard zu erhöhen, stiegen auch die Mieten, oft mit der Folge, dass einkommensschwache Bevölkerungsgruppen verdrängt wurden.

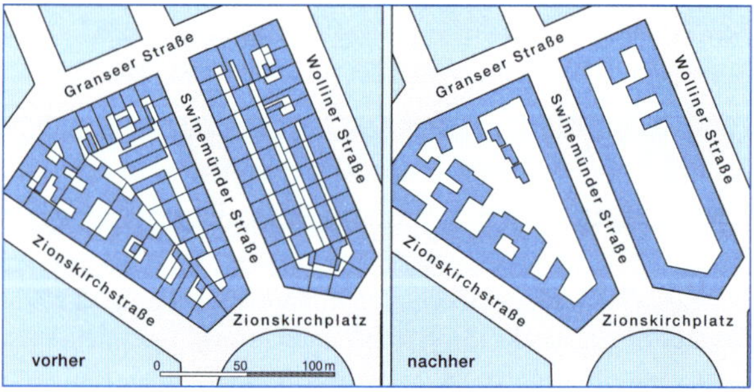

Beispiel für ein Sanierungsgebiet: Zionskirchplatz in Berlin

Stadtsanierungsarten
Flächensanierung (auch Totalsanierung): Abriss ganzer Straßenzüge oder Baublocks, die nicht den Mindestanforderungen entsprechen
Objektsanierung: Instandsetzung erhaltenswerter Bauten ohne Abbruch, z. T. Rückversetzung in historischen Zustand
Blockentkernung: Beseitigung von Bauten in Hinterhöfen, Schaffung von Grünflächen und Kinderspielplätzen

In der DDR wurden die besser ausgestatteten Neubausiedlungen bevorzugt, sodass die Bausubstanz der Innenstädte verfiel. Teilweise wurden die Häuser abgerissen und durch Plattenbauten ersetzt. Nach der Wende setzte eine umfassende Revitalisierung unter dem Motto „Erhalten – Erneuern – Entwickeln" ein.
In den 1990er-Jahren erkannte man, dass die klassische Städtebauförderung mit Gebäude- und Wohnsanierungen sowie einer Verbesserung des Wohnumfeldes und der Infrastruktur nicht ausreichte. In „entwicklungsbedürftigen" Gebieten, vorher als Sanierungsgebiet mit baulichen Miss-Ständen bezeichnet, hatte eine Abkopplung der Quartiersentwicklung eingesetzt. Sie wurde nicht nur durch städtebauliche Mängel hervorgerufen, sondern hatte ihre Ursachen auch in der sozialen Zusammensetzung der Bewohner. Als „Problemgruppen" stellten sich Haushalte mit niedrigem Einkommen, Arbeitslose und Unqualifizierte sowie Migranten und Ausländer heraus. Die Ausdünnung von Handel und Dienstleistungen wegen der schwindenden Kaufkraft, häufige Konflikte in den Nachbarschaften sowie mangelnde soziale Kontrolle setzten eine Abwärtsspirale in Gang und verstärkten die Segregationserscheinungen. Für die Mittelschicht verlor das Quartier an Attraktivität, da auch Revitalisierungsprogramme in Großsiedlungen sich als wenig wirksam erwiesen.
Bund und Länder initiierten daraufhin 1999 das Programm **Soziale Stadt**, um Defizite der Sozialstruktur bzw. „soziale Miss-Stände" nach der neuen gesetzlichen Formulierung abzubauen. Ein besonderer Entwicklungsbedarf liegt für benachteiligte

innerstädtische, innenstadtnah gelegene Gebiete und verdichtete Wohn- und Mischgebiete vor.
Das Programm soll dazu dienen, die örtlichen Arbeitsplätze zu sichern und Qualifizierungsmaßnahmen für Arbeitsuchende in Gang zu setzen. Neben der Verbesserung der Wohnverhältnisse und der öffentlichen Sicherheit sollen Projekte wie Freizeittreffpunkte, Sporteinrichtungen, kulturelle Angebote und Stadtteilcafés gefördert werden. Kleinräumig können Wohnareale durch Freizeit- und Grünflächen ökologisch aufgewertet werden. Die Bewohner – Ziel ist auch die Förderung einer gemischten Bevölkerungsstruktur – sollen sich aktiv mit eigenen Initiativen am Quartiersleben beteiligen und auf diese Weise einen positiven Bezug zu ihrer Wohnumwelt herstellen.

Stadtökologie und nachhaltige Stadtentwicklung
Ein Stadtökosystem ist kein geschlossenes System. Es ist einer Belastung durch Flächenverbrauch für Gebäude, Verkehr und Industrie, durch die Versiegelung von Freiflächen, durch Luftverschmutzung und durch Lärm ausgesetzt. Der Bodenwasserhaushalt wird durch Grundwasserabsenkung gestört, die Luftzirkulation durch dichte Bebauung behindert. Gegenüber dem Umland entwickeln sich Städte zu Wärmeinseln mit verstärkter Wolkenbildung, erhöhten Niederschlägen und Smogbildung bei austauscharmer Wetterlage.
Eine umweltverträgliche Stadtplanung und nachhaltige Stadtentwicklung muss deshalb zunächst von der Schonung der noch verbliebenen Flächenressourcen ausgehen. Die Nachhaltigkeitsstrategie bedeutet z. B. für Deutschland, dass bis 2020 der Flächenverbrauch für Siedlungen und Verkehr von 105 ha pro Einwohner täglich im Jahr 2002 auf maximal 30 ha pro Tag verringert wird. Konversionsflächen mit ehemals militärischer Nutzung und Industriebrachen könnten statt der Neuausweisung von Flächen im Umland umgewidmet werden.
Des Weiteren geht es um die dauerhafte Verringerung urbaner Belastungsquellen. Dazu gehören Entsiegelung des Bodens, ge-

ringere Bodenverdichtung und Schadstoffreduktion des Bodenwassers. Der Wasserverbrauch sollte langfristig reduziert und durch aufbereitetes Brauchwasser ergänzt werden. Denkbar sind mehr Regenrückhaltebecken und verbesserte Möglichkeiten der Regenwasserversickerung auf entsiegelten Flächen. Abfallvermeidung ist umweltverträglicher als der Betrieb von Müllverbrennungsanlagen.

Parallel ist die Verbesserung des Stadtklimas, genauer der Luftqualität, dringend erforderlich. Fortschritte wurden bereits erzielt durch die Verlagerung von Industrien in Stadtaußenbereiche, durch Verkehrsberuhigung und Fußgängerzonen, durch Grüngürtel und offene Flächen, durch die Berücksichtigung von Frischluftgassen bei Neubaugebieten und durch ökologische Bauten mit Dach- und Fassadenbegrünung.

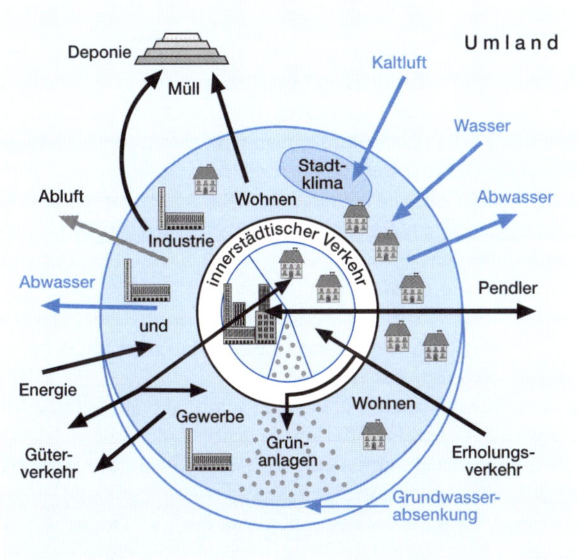

Ökosystem Stadt

Standortgerechte Laubbäume binden den Staub, erhöhen die Luftfeuchtigkeit und tragen zur Kühlung der Luft bei. Noch nicht überall auf Akzeptanz stößt die Forderung, den Individualverkehr wegen seiner Schadstoffemissionen (Stickoxide, CO_2) zugunsten des öffentlichen Personennahverkehrs drastisch einzuschränken.
Was dem Stadtökosystem besonders fehlt, ist die Energieautarkie. Energieeinsparpotenziale sind reichlich vorhanden, durch Gebäudeisolierung, optimierte Heiztechniken, Südexposition von Neubauten, aber auch durch dezentrale Blockheizkraftwerke oder neue Fernwärmesysteme, die mit alternativer Energie gespeist werden.
Über eines sollte man sich allerdings im Klaren sein. Selbst wenn zusätzliche Flächen für Pflanzen und Tiere geschaffen werden: eine absolut ökologische Stadt wird es wohl nie geben.

Anregungen zur weiteren Vertiefung

Wer sich noch vertiefend informieren möchte, findet hier einige Hinweise. Das **Internet** steht natürlich ganz vorn.

- www.wikipedia.org umfangreiche Text- und Kartendarstellungen, viele Links; empfehlenswert, auch mal die englische Version anzuklicken
- www.ec.europa.eu/eurostat
Ausführliche Hintergrundberichte und Zahlenreihen zur politischen, wirtschaftlichen, demographischen Entwicklung Europas und der Europäische Union
- www.un.org (Vereinte Nationen): Informationen zu fast allen Ländern der Erde, Bevölkerung, Lebensverhältnissen
- www.worldbank.org (Weltbank): gute Zahlenreihen zur wirtschaftlichen Entwicklung (BIP etc.)
- www.destatis.de (Statistisches Bundesamt Deutschland). Angaben über Deutschland, internationale Länderübersichten

Printmedien

- Oberstufenbuch. Empfehlung: Glossar (Begriffsregister mit Erklärungen) durchgehen und sich Definitionen merken.
- *P. Fischer / M. Koch: Abi Profi Geographie. Cornelsen Verlag. Berlin 2005.* Erläuterung der Einheitlichen Prüfungsanforderungen (EPA), Abituraufgaben (schriftlich und mündlich) mit ausführlichen Lösungswegen
- *Peter Meusburger u. a. (Hrsg.): Lexikon der Geographie in vier Bänden. Spektrum Akademischer Verlag Heidelberg Berlin 2002.* Ein hervorragendes Nachschlagewerk, steht hoffentlich in der Lehrerbücherei.
- *Hartmut Leser (Hrsg.): Diercke Wörterbuch Allgemeine Geographie. München/Braunschweig [13]2005.* Taschenbuch, 15 000 Fachbegriffe
- *Der Fischer Weltalmanach.* Jährlich erscheinend, neue Ereignisse, unverzichtbar für Zeitreihen.
- Fachzeitschriften, z. B. *Geographische Rundschau*, *Praxis Geographie* (beide Westermann-Verlag), *Geographie und Schule* (Aulis Verlag Deubner). Zur Vertiefung, auch mit Klausuren; sollten in der Lehrer- oder Oberstufenbücherei stehen.

Maße und Gewichte

Flächen

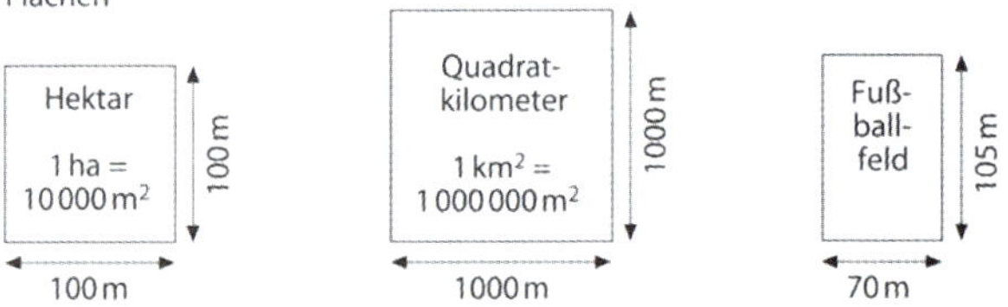

Längen
1 Kilometer (km) = 1000 Meter (m)
1 Meile (mi) = 1,609 km
1 Seemeile (sm) = 1,852 km

Rauminhalte

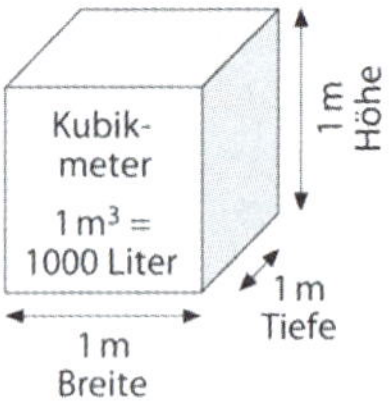

1 Eimer
rd. 10 Liter

1 barrel
159 Liter

Standard-Container
20-Fuß-Container
(1 Fuß = 0,3048 m)

Länge 20 Fuß = 6,1 m
Breite 2,44 m
Volumen 33,3 m³

Gewichte

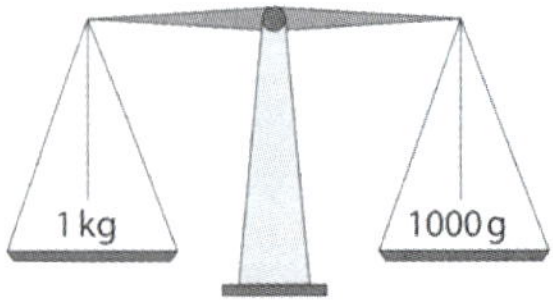

1 Tonne (t) 1000 kg
1 Dezitonne (dt) 100 kg

VW Golf V 1154–1451 kg

Merke:
1 Million (Mio.)
= 1000 x 1000
1 000 000
eine Eins und 6 Nullen

1 Milliarde (Mrd.)
1 000 000 000
eine Eins und 9 Nullen

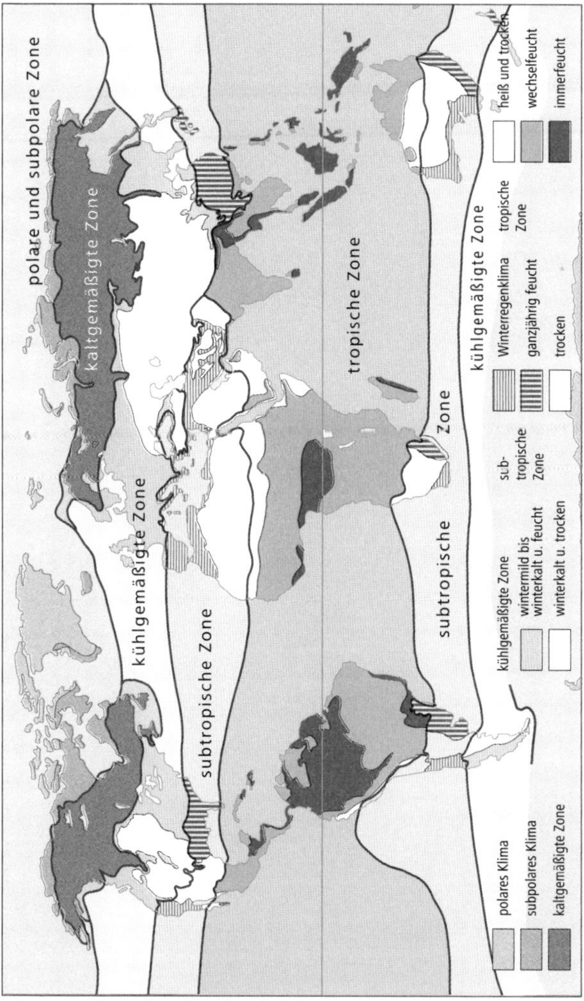

Klimazonen der Erde nach Troll und Pfaffen (Vegetationsklimazonen)

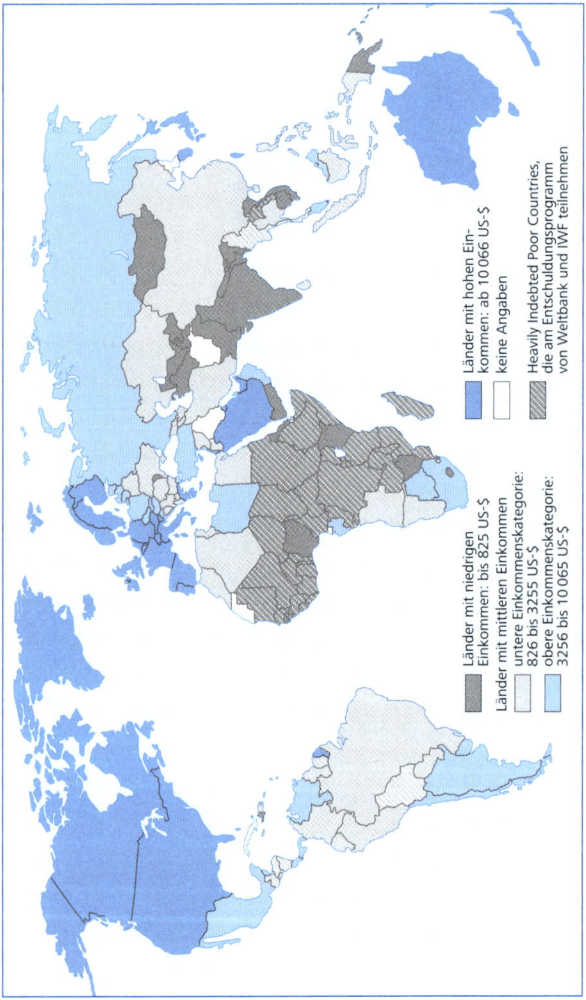

Entwicklungsstand nach den Kriterien der Weltbank 2004 (BNP/Einw.)

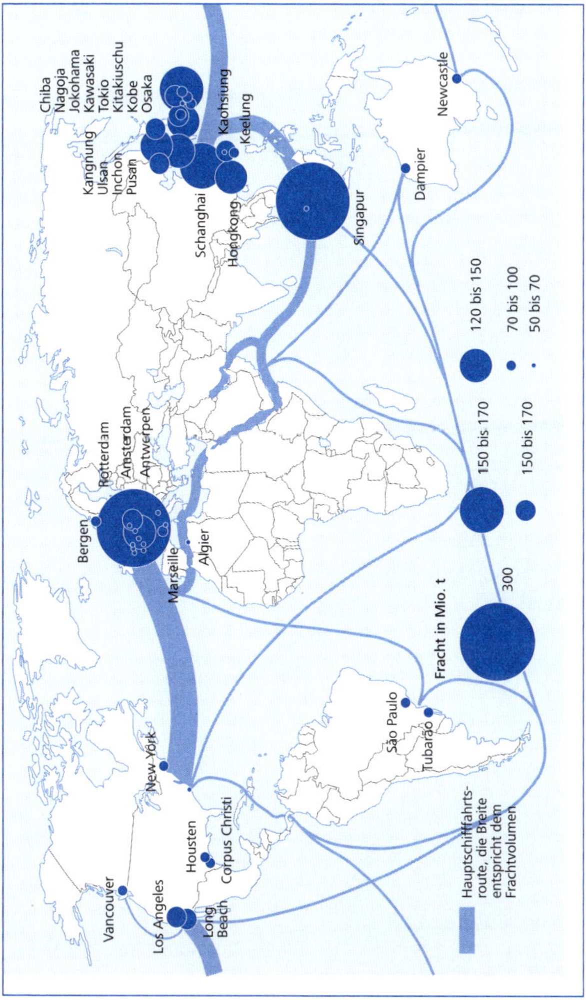

Die wichtigsten Frachthäfen und Frachtrouten im Welthandel

Stichwortverzeichnis

Besser in ...
... der Oberstufe

Die Lernhilfen für ein erfolgreiches Abitur

- Alle wichtigen, lehrplanrelevanten Inhalte eines Schuljahrs
- Jede Menge Übungen und Tests
- Mit Lösungsteil zur Selbstkontrolle

Die Reihe „Besser in" gibt es für folgende Fächer:

Deutsch

- Texte verfassen
  ISBN 978-3-411-86282-5
- Literarische Texte interpretieren
  ISBN 978-3-411-86280-1

Mathematik

- Differentialrechnung
  ISBN 978-3-411-86283-2
- Integralrechnung
  ISBN 978-3-411-86284-9

Englisch

- Grundlagen der Textarbeit
  ISBN 978-3-411-86278-8
- Profitraining Textarbeit
  ISBN 978-3-411-86279-5
- Profitraining Grammatik
  ISBN 978-3-411-86277-1

Französisch

- Grammatik
  ISBN 978-3-411-86281-8

Besser in Lern- und Arbeitstechniken

- Präsentationen und Referate
  ISBN 978-3-411-86285-6